U0287875

儿童粮仓·小说馆

画框里的猫

殷健灵 著

GUANGXI NORMAL UNIVERSITY PRESS

广西师范大学出版社

·桂林·

图书在版编目（CIP）数据

画框里的猫 / 殷健灵著. —桂林：广西师范大学出版社，2019.10

（儿童粮仓 / 束沛德，徐德霞主编. 小说馆）

ISBN 978-7-5598-2221-5

Ⅰ. ①画… Ⅱ. ①殷… Ⅲ. ①儿童小说－短篇小说－小说集－中国－当代 Ⅳ. ①I287.47

中国版本图书馆 CIP 数据核字（2019）第 199453 号

广西师范大学出版社出版发行

（广西桂林市五里店路 9 号　　邮政编码：541004）
（网址：http://www.bbtpress.com）

出版人：张艺兵

全国新华书店经销

北京博海升彩色印刷有限公司印刷

（北京市通州区中关村科技园通州园金桥科技产业基地环宇路 6 号

邮政编码：100076）

开本：880 mm × 1 160 mm　　1/32

印张：7　　　　字数：123 千字

2019 年 10 月第 1 版　　2019 年 10 月第 1 次印刷

印数：0 001~8 000 册　　定价：46.00 元

如发现印装质量问题，影响阅读，请与出版社发行部门联系调换。

序

車伟徳

儿童小说枝繁叶茂、花团锦簇，是我国当代儿童文苑一道亮丽的风景线。中华人民共和国成立近七十年来，儿童小说是儿童文学诸多体裁样式中，收获最丰硕、受众最多的一种文体。

名篇佳作迭出，影响广泛久远。从二十世纪五六十年代的《罗文应的故事》《海滨的孩子》《我和小荣》《小兵张嘎》，到八九十年代的《谁是未来的中队长》《我要我的雕刻刀》《男生贾里》《草房子》，再到新世纪以来的《舞蹈课》《你是我的妹》《一百个孩子的中国梦》《吉祥时光》，这些思想性、文学性、可读性俱佳的小说，为一代一代的小读者所喜爱，在他们心灵深处留下了美好的印记。

近七十年来，儿童小说的题材内容不断开拓，呈现丰富多样的格局。校园题材、家庭题材、革命历史题材、童年回忆题材、动物题材，都是众多儿童小说作家熟悉、擅长、乐于选择的。科幻、幻想、战争、探险、乡土、异域等方面的题材，也不时有一些作家勇于探索、尝试。无论哪种题材，凡是获得成功的，作者都是深深植根于生活土壤，而作品基调则力求明朗昂扬，奋发向上。

优秀儿童小说的作者都极其重视刻画人物，着力揭示人物内心世界，写人物的心灵成长。罗文应、张嘎、潘冬子、盐丁儿、贾里、贾梅、桑桑、马鸣加、马小跳、阿莲等，这些血肉丰满、栩栩如生的人物形象，已深深镌刻在小读者的心坎上，成为他们仿效的榜样或知心朋友。

儿童小说园地里，已形成一支心系孩子、生气勃勃的作者队伍。新中国成立之初至"文革"之前驰骋于儿童文苑的小说家，如张天翼、管桦、胡奇、肖平、任大星、任大霖等已先后谢世，他们为子孙后代留下了珍贵的精神财富。如今活跃于儿童小说文苑、成为创作中坚力量的是改革开放初脱颖而出的张之路、沈石溪、曹文轩、秦文君、常新港、梅子涵、黄蓓佳、董宏猷等和九十年代闪亮登场的张品成、张洁、杨红樱、彭学军、殷健灵、薛涛等。新世纪以来崭露头角的李东华、黑鹤、翌平、韩青辰、李秋沅、邓湘子、史雷等，已逐渐成为当今儿童小说创作的主力军。成人文学作家肖复兴、张炜、赵丽宏等的加盟，使得创作阵容越发完整强大。

回顾中华人民共和国成立以来儿童小说创作发展历程，成绩确实令人瞩目，但也并非风平浪静，一帆风顺。五六十年代，受"左"倾思潮的影响，出现过"政治挂了帅，艺术脱了班，故事公式化，人物概念化，文字干巴巴"（茅盾语）的现象。十年浩劫，除留下《闪闪的红星》等为数极少的佳作外，几乎一片空白。从二十世纪九十年代到世纪之交，由于市场经济大潮和多元传媒的双重挑战，儿童小说一度流行类型化、模式化、雷同化，部分作者急功近利，失却对文学品质和艺术创新的追求。然而用历史的、发展的眼光来看，新中国成立以来的儿童小说还是一步一个脚印地沿着回归文学、回归儿童、回归创作个性的艺术正道不断前行的。

近七十年来，儿童小说名家佳作不胜枚举。广西师范大学出版社编选的这套《儿童粮仓·小说馆》，只是从浩如烟海的名篇佳作中挑选部分足以反映当代儿童小说思想艺术水准、有一定代表性的作品。"管中窥豹，可见一斑"，从入选的这些作品可以清晰地看出当代儿童小说的整体面貌和思想艺术特色。

收入本书系的小说，以及更多的由于书系容量和版权归属等原因未能入选的优秀长、中、短篇儿童小说，之所以为少年儿童喜闻乐见、拍手称赞，其吸引力、感染力、影响力究竟从何而来？创作成功的奥秘何在？在我看来，归根到底，在于坚守文学品质与讲究艺术独创的完美结合。具体地讲，大致表现在下列几个方面：

精心选择自己熟悉、饱含深情又为读者关注，使读者饶有兴味的题材，从中深入提炼、开掘丰富的精神人文内涵。

文学作品，包括儿童小说要以情感人，以美育人。好的儿童小说，既要让读者感动，又要给他们有益的启迪。入选的这些作品都贴近现实人生、贴近儿童心理。其中不少是把儿童生活的小天地与人生、社会、自然、历史的大天地联结、交融起来描写，着力揭示生活美、人性美、人情美，让读者从中领略爱、真、善、美。作者巧妙地寓教于乐，借着绚丽的生活图景、迷人的故事情节，吸引小读者在阅读、鉴赏的审美愉悦中，一点一滴、细水长流地领悟成长的艰辛、人生的奥秘，引发对现实和未来的种种思考。在他们心中播下智慧、勇气、正义、友谊、同情、感恩、分享、诚信、和谐的种子。

既编织生动有趣、引人入胜的故事，更着力塑造鲜活、富有个性的人物形象。

不少富有经验的作家都谈到，儿童小说离不开故事，故事是儿童小说的要素、基本面。爱听故事，可说是孩子的天性、本能；只有优美的、精彩的、智慧的故事，才能让孩子感动，让他们眉飞色舞或愁眉苦脸，真正扣动他们的心弦。

儿童小说是讲述童年故事的最好载体。有才华的作者都善于从生活出发，驰骋想象，精心编织出真实、生动、曲折、感人的故事来吸引小读者。好的儿童小说作者又不满足于给孩子讲一个好听的故事，更重要的是把功夫下在塑造人物形象、刻画人物性格上。情节是人物性格发展史。作者从纷繁生活的矛盾冲突中提炼出多姿多彩的情节，包括行动、细节，用以揭示孩子的喜怒哀乐、个性特点，展现他们的遭际、命运，从而塑造出新的、独特的、有血有肉的人物形象打动读者、征服读者。

充分发挥自己在语言、风格、表现手法上的优势、擅长、特色，不断探索、寻求新的艺术突破。

儿童小说作家的经历、气质、爱好、特长各不相同。他们在创作实践上，总是不断探索、学习、借鉴，扬长避短，取长补短，力求形成日趋成熟的、独特的艺术风格。

文学是语言的艺术。入选本书系的小说作者，在语言上都力求简洁、洗练、形象化、富有感情色彩。同时，他们的语言风格又多姿多彩，各具特色。有的情真意切，质朴自然，有的幽默风趣，轻松流畅，也有的崇尚古典，清丽高雅，或追求诗意，优美温润。在创作方法、表现手法上，现实主义或魔幻主义，传统手法或现代手法，象征与夸张，穿越时空或虚实交融，可说是各显其能，又独树一帜。优秀的儿童小说，都力求时代特色、民族特色、地域特色的统一。从入选的作品中，小读者会读到京味的或海派的，北方风韵的或南国风情的，这些作品地方色彩鲜明，泥土气息浓郁，很好地满足了少年儿童多样化的审美情趣和欣赏习惯。

在实现伟大中国梦的旗帜下，走在成长路上的亿万孩子热切呼唤儿童小说作家写好中国故事、写好中国式童年，创造出具有经典品质、艺术魅力的精品力作，为伟大的新时代奉献一份珍贵的大礼。

2018 年 10 月

目　录

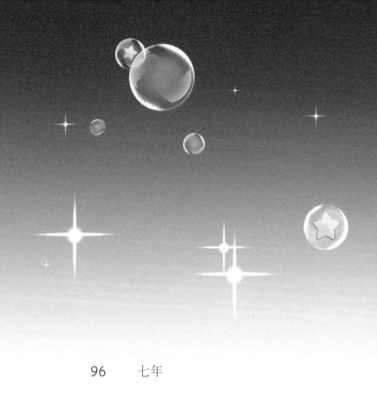

比乐与军刀

一

妈妈逢人便说："我家比乐让我伤透了脑筋。"边说边用食指点一下比乐宽阔的脑门；比乐的脑袋向后仰去，咧了咧嘴，表情有些木，心里却苦笑了一下。

比乐是五年级的学生了，个子比同龄的男孩矮半头，细长的四肢看上去软塌塌的，薄薄的身板纸一样地在人眼前晃来晃去，是那种不起眼的瘦弱男孩。妈妈说："比乐呀，你什么时候能让我舒心哟——"比乐用白多于黑的眼睛瞥了妈妈一眼，兀自低下头去，像没有听见一样，脸却苦着了。比乐的反应让妈妈有点伤心，怨天怨地地说不该养了这么个不开窍的儿子。想当初，比乐刚出生时又白又胖，大眼睛叽里咕噜一副机灵模样；不承想，长到十几岁非但人往瘦里长，成了丝瓜样的一根，连脑袋也是光长体积不长聪明，还得了个伤脑筋的"多动症"，成天价手脚不停，上课时神思恍惚，老是管不住自己。妈妈带着他走马灯似的跑了一家又一家大医院，腿都跑细了，比乐的"多动症"还未见好。但是只要生命存在着，希望也便存在着，妈妈并未丧失信心。这可苦了比乐，除了完成每天的功课，还得定时定量地吞服治疗"多动症"的白色药丸。比乐直着脖子吞药丸的样子让人想起被喂食的鸭子，又可怜又可笑。

照例是晚上检查完比乐的作业，妈妈就着橘色的灯光对着比乐唠叨。比乐的爸爸在远洋轮上，难得回来一次。从比乐有记忆起，妈妈的脸总是可怜巴巴的样子，只有爸爸回来才展笑颜。妈妈唠叨的时候，眉毛蹙着，她摸着比乐瘦削的小脸说："比乐呀，你是我一手拉扯大的呀。小时候你爸不在，生了病，都是我一个人半夜起来抱着你跑医院。妈妈原先也是一朵花啊，可现在呢，都被你拖垮了。""后来，每天抱着你挤车上班，你的小嘴巴巴地吃妈妈的衣服，弄得我肩上湿漉漉的，妈妈心里想，现在苦点没关系，只要将来比乐有出息。哪想你这么不争气……"妈妈闭了闭眼睛，那里便湿湿地红起来。比乐不作声，浑身起着鸡皮疙瘩，手还是不停地拨弄着已被他破坏得面目全非的橡皮。妈妈"啪"地打在他的手上，比乐的手背立时红了一块。

比乐咧咧嘴，还是没哭。

比乐要是会哭就好了，可惜偏是个榆木疙瘩，只会"闷皮"。学校里有他没他几乎是一个样。他坐在教室的角落里，也不妨碍别人，只是折腾他的铅笔盒和书包带，实在没事干了，就啃指甲，把一双手的指甲啃得个个像秃顶小老头儿。同学们不怎么理他，说他"三拳头打不出个闷屁"，加上他既不是最好的学生也不是最差的学生，老师也不怎么把他放在心里。有一次，学校组织春游，快发车了，班主任谢老师问："同学们互相检查一下还有谁没来？"下面异口同声说："到了，全到了！"这时候，比乐正啃着蛋糕在路上狂奔。等他赶到，校门口早没了人影。老师和同学竟然把比乐给忘了。

是的，忘了，他们把不起眼的比乐给忘了！

可是，这一回，大家忽然想起他了。是在谁都不愿被想起的时候想起他了！

二

比乐所在的学校是所私立小学，不少同学的父母都很有钱，有的是私营企业的经理，有的是高级白领。如果你去他们班上，你会惊异地发现不少孩子的手腕上戴着进口名表，穿的也是叫得上名的"名牌"，用的文具则更不必说了。

比乐的同桌吉雪梅是个高挑的女孩子，平日里文文静静的，不声不响，喜欢用眼梢悄悄看人，上课一回答问题就脸红。吉雪

3

梅不爱和比乐说话，即使说了话，比乐也是木知木觉的。吉雪梅说："比乐，快把小刀收起来，老师朝你看了。"比乐还是照样玩他的，结果爸爸刚从国外带来的小刀就给老师收走了。吉雪梅说："比乐，你真讨厌，你把蓝墨水甩在我的裙子上了！"比乐也不道歉，气得吉雪梅龇牙咧嘴的。比乐在心里哼哼："不就是一小滴墨水吗？干吗大惊小怪的，真娇气！"表面上却做出与己无关的样子，真急人！

元旦快到了，谢老师说："这次的元旦联欢，我们搞一次小小的交换新年礼物的活动。每个同学准备一件有意义的小礼物，明天带来交给老师。"谢老师说话的时候，比乐依旧低着头，手在桌肚里掏着，指尖触到毛糙的木板，麻酥酥的，心里泛起异样的快感。比乐眯着眼睛想，他可以把那把迷你型德国小军刀拿来交换，嘿，一定显得威风凛凛，男同学准保喜欢。这么想着，比乐的嘴角做梦一样地牵动了一下。

第二天，班上便热闹起来。同学们拿着带来的稀罕礼物在大家面前展示，当然还有一点点炫耀。比乐顾自坐着，既不拿出自己的小军刀，也不加入别人的议论。他就这样远远地冷冷地瞧着他们，手指抚摩着那把精致的雕了图案的刀柄。早晨和暖的撒了金粉的阳光将他的脸涂成淡淡的金色，他的身体也随之暖起来。方浩的玩具汽车算什么，小孩子的把戏。许成的船模也稍稍呆板了些，哪有德国军刀神气！"到交换礼物那天，我的小军刀一定会有很多人喜欢，所有的男生都会抢它，会说这是比乐的军刀。多棒，比乐的军刀！比乐的！"这么想着，比乐的身子更热了起来，眯着的眼睛慢慢睁开，吉雪梅在他的视线里一晃一晃。

吉雪梅用眼梢梢瞧了比乐一眼，慢腾腾地坐下，纤长的手在书包里掏啊掏的，好一会儿才掏出一个亮闪闪的东西。尽管吉雪梅拼命捏住它不想让比乐看见，但比乐还是看清楚了：那是一把和比乐的一模一样的德国小军刀，连尺寸和颜色都不差分毫！比乐的心登时凉了半截。

"这是你的礼物？"比乐试探着问。

吉雪梅正小心地用柔软的纸巾擦拭刀柄和刀刃，顾不上回答，只是敷衍地点点头。

"你们女孩怎么也玩军刀？"比乐仍旧不甘心，他真希望这个小丫头把军刀收回去，而改送洋娃娃之类的玩意儿。

"女孩子怎么啦！"吉雪梅没好气地瞪了比乐一眼，擦得更起劲了，马尾辫顺着她身体的起伏一翘一翘。

"给我看看好吗？"比乐的心痒痒的。难道真的和自己那把一模一样吗？他想。

他俩说话的时候，方浩一直在后面勾着脖子看，他巴巴地朝吉雪梅伸出一只手来："给我看看吧！"

吉雪梅马尾辫一甩，不给。这时候，上课铃大作，谢老师走了进来，吉雪梅着急忙慌地把小军刀往桌肚里一扔，背起手正襟危坐。

三

　　谢老师的语文课后是体育课。比乐上完体育课回来，见自己的座位边上围了一拨人，正你一言我一语地给吉雪梅出主意。一个说："看看地上角落里有没有。"另一个说："把书包倒出来看看。"吉雪梅涨红了脸，马尾辫也散了，长长的睫毛上沾着两滴眼泪，薄薄的嘴唇一瘪一瘪，好像随时都可能大哭起来。

　　吉雪梅的书本钢笔橡皮尺摊了一桌，等到彻底绝望时，这个小女孩便大滴大滴地掉下泪来。"我的小军刀，这可是我在德国的表叔送给我的，怎么办呢？"吉雪梅啜泣着说。

　　比乐在边上看着，有一种很隐秘的快乐从心上爬过，但很快又空落起来，他不知道自己是应该高兴还是应该难过。待他回头看见谢老师神色严肃地站在教室门口时，一只不祥的黑鸟便幽灵一样在比乐的心上落下了。比乐的手心开始冒汗、发冷，他听见谢老师说："请每个同学都坐到座位上去，不要走开！"

　　四周倏地安静了，只听见窗外楼下的草堆上"扑"的很轻很轻的一声闷响，轻到谁也不会去注意它。教室里的空气犹如凝固了一般。吉雪梅擦干眼泪，抬起头，满含企望地望着谢老师。

"吉雪梅，你能肯定是在教室里丢的吗？"谢老师问。

吉雪梅点点头。

"这样吧，"谢老师说，"大家都在自己桌肚里翻找一下，说不定是谁拿错了。"

周围窸窸窣窣地响起来，谢老师犀利的目光洞察一切似的从每个孩子脸上滑过，看得比乐的心阵阵抽紧。比乐缓缓地将手伸进桌肚，当他的指尖触到冰冷而光滑的刀柄时，一下子耳根灼热起来，就像真的做贼一样。他捏了捏刀柄，又放下，又捏了捏，刀柄几乎要被他捂热了。正犹疑着，手一哆嗦，"啪"的一声金属的脆响，大家看到一个锃亮的东西沿比乐的腿间滑落，不偏不倚地掉在比乐的右脚边上。

德国小军刀！

教室里一阵骚动，前面、后面、左面、右面，所有的目光都在比乐身上聚拢了。比乐头一回做了别人目光的焦点，这是怎么回事啊！比乐的两只眼睛不敢望别处，只是死死地盯着那把小军刀。它躺在一小片光影里，晕黄的太阳光将它照得熠熠闪亮，比任何时候都要漂亮夺目。"小偷！"有人轻轻地鄙夷地咕哝了一句。比乐用力咬住嘴唇，几乎要咬出血来。他恨恨地盯住那把小军刀，真希望这时候地上裂出一条缝来，让小军刀掉进去，谁都找不到它，就像什么也没有发生过一样。他宁愿不要它，不要在新年联欢会上抖威风。该死的小军刀！比乐在心里骂着，身体里忽然坍塌了一大片，比乐不知道那是什么，他只怪自己为什么不早一点让大家知道自己也有一把一模一样的小军刀呢？为什么一心想引起别人的注意呢？为什么……现在他浑身是嘴也说不清了。

比乐蔫蔫地坐在那儿，听着谢老师的脚步一步步朝自己移过来。比乐憋足气对谢老师说了句："这是我自己的小军刀！"尽管他用足了气力，听起来还是底气不足的样子，就像坏人在垂死抵赖。"有谁能证明是你的呢？"吉雪梅在边上气鼓鼓地说。是啊，有谁能证明呢？好多人异口同声地说。比乐垂下头，不吭气了。小军刀是他背着妈妈从爸爸那儿要来的，爸爸还在出海，现在，除了他自己没人能替他证明。比乐彻底绝望了，一股潮湿的东西从他的身体里迅猛地漫上来，他拼命地忍住。忍住，不能哭，他想。他用瘦骨伶仃的手揉了揉眼睛，终于没哭出来……

四

比乐还是把妈妈气哭了。

谢老师来家访了，比乐蹩在墙角里，偷眼看妈妈。妈妈当着谢老师的面就抹开了眼睛。比乐心里急啊，他想起了"急火攻心"四个字，现在他觉得自己的心快要烧着了。

谢老师说："说比乐拿了吉雪梅的小军刀，我们都还没有根据，说不定他真的有一把一模一样的。只是我们要防患于未然，要多引导他。"比乐想："反正我是不起眼的，没有人相信我，没有人。"这么想着，不经意地从鼻子里哼了一声。还没回过神来，妈妈已"啪"的一掌拍在比乐的脑袋上，比乐歪了歪嘴，眼睛只朝地上瞟。

临走时谢老师特意关照："千万不要打孩子。"妈妈嘴上应着，还是回头狠狠瞪了儿子一眼。

妈妈又反复唠叨以前说过的话："我原来指望你将来有出息，上大学，将来有个好工作。哪想你非但学习不用心，还染上个偷偷摸摸的毛病。你叫我以后怎么出去见人哟！"

比乐犟着脑袋嚷："我没有偷，就是没偷！"

"你还敢还嘴！"妈妈顺手操起鸡毛掸子就朝比乐身上抡，边抡边骂，"打死你这个贼坏子！贼坏子！"

"我不是贼坏子！不是！"比乐扯着嗓子叫。叫着叫着，声音慢慢地低下来，比乐觉着自己的心一阵阵地发灰。叫有什么用呢？比乐想。于是，他干脆闭了嘴，在墙边站定，听凭鸡毛掸子一下一下打在身上。

妈妈许是没了气力，停下手，长长地叹气："怎么生了你这么个木头呀——"

"妈妈你怎么不信我呢？"比乐在心里叫，到了嘴边却说不出来了。比乐想："我是不是有病了呢？为什么想说的话却说不出口呢？"比乐舔舔嘴唇，觉得心又要烧着了。

五

在家里妈妈尽管不信他，但到底是自己的儿子，再怎么样，好吃的总还想着他。吃饭时妈妈老叹气，嘴上不说什么，比乐却感觉妈妈对自己少了很多信心。比乐不喜欢妈妈唉声叹气的样子。妈妈叹气的时候，看上去很憔悴、很老。没事的时候，妈妈就问："比乐，究竟是不是你拿了人家的东西？拿了就拿了，不要错上加错。"比乐摇头。妈妈又说："没拿，人家怎么偏偏怀疑你不怀疑别人呢？我看你一定是拿了，一定拿了。"比乐别转脸，眼睛朝窗外望，他希望妈妈的声音像风一样飘到外面去，不留痕迹。比乐看见楼下有几个人懒懒散散地骑车经过，还有两个扎辫子的女孩在起劲儿地跳绳，小辫子一晃一晃，很神气。比乐嘴里咀嚼着妈妈炸的大排，大排一下子变得淡而无味。比乐丧气地想："连妈妈都不信我，还有谁会信我呢？"

比乐原是个不起眼的小人物，自从德国军刀事件后，忽然名闻全年级了。比乐背着书包经过邻班的门口，一个脸蛋尖尖的女孩指着他的脊背对旁人说："喏，就是他，偷了人家东西还赖！"女孩的声音很轻很细，比乐还是听见了。他想回过头去冲她吼上一嗓子，甚至把她推倒在地上。可他凭什么这样做呢？有谁会支持他呢？

吉雪梅早已对他爱理不理，有时候两人迫不得已打个照面，她一甩头发，疾恶如仇的样子。那把小军刀理所当然地归了吉雪梅，吉雪梅从谢老师手里接过小军刀的时候，幸灾乐祸地斜了比乐一眼，那目光里包含了鄙夷、报复，还有一点胜利者的骄傲。比乐抽抽鼻子，吉雪梅的眼光让他浑身不舒服。

新年联欢在欢快的音乐声中开始的时候，看见满屋子的彩带和气球，还有挂满了叮叮当当小礼物的圣诞树，比乐几乎要忘记所有的不愉快了。他后来改送的电子宠物挂在圣诞树的最下端，那是最不起眼的地方，轻轻曳动着，比乐已经很满足了。他想，同学们一定也会喜欢他的电子宠物的。吉雪梅的，不，应该是比乐的小军刀挂在最显眼的地方，几个男生早已在打它的主意了。比乐眯起眼睛看着那棵圣诞树，嘴角微微牵动。他是个很容易忘记悲伤的小孩。

交换礼物的时候到了。大家站起来蜂拥到圣诞树前挑选喜欢的礼物，每人只能选一样。比乐被挤到了后面，他太瘦小了，轻而易举地就被挤出了人堆。吉雪梅尖声说道："别挑那只电子宠物，那是小偷的！"有人应和着："对，别拿！"比乐清清楚楚地听到了那些话，它们像利剑一样刺入他的耳膜。比乐怔怔地站着，一动不动。圣诞树前的人慢慢散去，大家捧着挑来的礼物回到座位上。教室中央只剩比乐一个人，孤零零地站着。他呆呆地望着那棵圣诞树，树上已经空了，只有他的电子宠物像失宠的孩子那样孤独地悬吊着，一荡一荡……比乐的心空了，他第一次体会到什么叫耻辱，什么叫冤屈。他终于哭了出来，头一回当着这么多人的面哭，比乐并不觉得丢人。他的哭声很嘶哑，也许是许久未哭的缘故，眼泪像开闸的水，再也止不住了……

六

比乐对自己说："我要雪耻！"比乐这么说的时候，觉得自己像男子汉了。吉雪梅的小军刀怎么会无缘无故不见呢？这是一个谜。

比乐闭上眼睛拼命回忆那天的细节。他绞尽脑汁地想，反反复复地想，比做应用题还要费力地想。比乐想得失眠了，迷迷糊糊快要睡着的时候，忽然，一丝细微的声响从比乐的脑海深处浮起来，凸现在比乐的耳边。是的，那天，就在那天，谢老师让全班翻桌肚的时候，窗外"扑"地闷闷地响了一下，像有什么东西掉了下去。想到这里，比乐霍地坐起，兴奋得睡不着了。

第二天，比乐起了大早。今天是星期天，上午 9 点他要和妈妈一起去学校开家长学生联谊会。妈妈昨晚便已经发愁了，养了这么个不争气的儿子多没面子。比乐想，他要让妈妈有面子。比乐对妈妈说："我先到学校有事。""妈妈，我会让你有面子的。"比乐临出门的时候在心里说。

　　现在，比乐到了学校。不到 8 点，校园里空无一人，比乐沿着卵石铺成的小路，绕过高高的白杨树，到了教学楼后面的草地上。那是一片少有人来的空地，背阴，平日难见阳光，上面零零落落地丢着学生扔下来的废纸、空玻璃瓶和塑料罐。野草爬得到处都是。比乐一点一点地拨开野草翻找。在以前，他从来没有这样认真和仔细地做过一件事。他来回走了一遍，又走了一遍，几乎要绝望了。忽然，鞋底被一个硬硬的东西硌了一下，脚被硌得生疼。比乐低头一看，傻眼了，德国小军刀！那把让他倒了霉的德国小军刀歪斜着躺在乱草堆里，上面蒙了泥土，刀柄已有些生锈了。比乐蹲下，拾起它就往外跑，生怕被人抢去似的。比乐不知道是谁扔了小军刀，他从心里恨那个人，但他又从心里高兴，他可以雪耻了，他可以挥舞着小军刀对谢老师对吉雪梅对妈妈说不是我偷的你们看见了吧不是我偷的我找到它了！

　　比乐跑啊跑，跑到了太阳底下。太阳光真耀眼啊，刺得他睁不开眼。教学楼操场白色的水泥路都暴露在明晃晃的太阳底下，比乐看见校门打开了，很多人涌了进来。他发现自己已经站在了正对校门的平台边缘上。这片平台学校从来不允许学生上去，因为那儿曾经摔死过孩子。比乐不知道自己怎么会上去的，怎么敢上去的，在那里，他可以居高临下看见所有的人。呵，这种感觉真好啊。他闭了闭眼睛，抬头看太阳，眼泪霎时在眼眶里打转了。手心里的东西正慢慢变热变潮，他将它举起来，朝着平台下的人群挥舞。他们终于注意到他了，谢老师站在下面，吉雪梅站在下面，还有他泪眼婆娑的妈妈。他们朝他叫喊："下来吧！"比乐像没有听见似的，用足气力叫："我不是小偷！"长这么大，还是第一次这样大声说话。原来他也可以高声说话的，比乐想。然后，他看见一个他熟悉的男孩站到了人群的最前面，那个男孩满脸是泪，是方浩。他听见方浩对谢老师说："是我拿了吉雪梅的小军刀，不怪比乐……"比乐闭上眼睛，做梦一样地牵动嘴角。一只好看的鸟正扑棱着翅膀从比乐头顶飞过……

和动物园做邻居

一、嘘，故事开始了

我的爷爷是个有趣的人。我喜欢我的爷爷。

有一天，我正抱着平板电脑玩"保卫萝卜"的游戏，在旁边一直看着我的爷爷忽然长长地叹了一口气："唉……"

我抬起头望着爷爷，问："爷爷，为什么要叹气啊？"

"因为你很可怜。"爷爷说。

"我很可怜？"我非常纳闷。我是家里的宝贝，爸爸妈妈、爷爷奶奶都爱我，怎么会"可怜"呢？

"是啊，你很可怜。你整天抱着这块硬邦邦的屏幕玩叽叽嘎嘎的游戏，一点都不好玩。"爷爷总是用"叽叽嘎嘎"来形容平板电脑里面会发出各种声音的游戏。

"可我觉得很好玩啊。"我说。

"爷爷小时候玩的比你现在的好玩多了。"爷爷说。

"真的吗？"我不相信。

"当然是真的，不信，爷爷讲个故事给你听。"爷爷说。

于是，爷爷开始讲他小时候的故事。爷爷讲的故事叫作《和动物园做邻居》，果然听起来很好玩。爷爷讲完一遍，我央求他再讲一遍。我太羡慕爷爷的小时候了。

现在，我也把这个故事讲给你听——在这个故事里，我的爷爷叫秦有友。"有友"听起来好像是小孩子的名字。不过，我爷爷小时候叫秦有友，变成了爷爷也叫秦有友。

嘘，安静点，故事开始了——

二、住在最好玩的地方

很久以前，在松雪街小学三年级三班，秦有友是最受瞩目的小朋友，也是大家最羡慕的小朋友。秦有友受到大家关注，不是因为他学习最好——他的成绩不好也不坏，总是中不溜秋的；也不是因为他最调皮捣蛋——最调皮捣蛋的是王大龙，秦有友只不过是王大龙的跟屁虫；更不是因为他长得最好看——他的个子小小的，脑袋扁扁的，还缺了一颗门牙，一点儿也不起眼……

那到底是因为什么呢？因为秦有友的家住在大家眼里最有趣最好玩的地方！那个地方叫作城隍庙。

说是城隍庙，绝不是只有一座庙这么简单。在城隍庙四周，聚集了各种各样的小商店、小吃铺和茶楼。那些小商店卖什么的都有，有拐杖店、帽子店、围巾店、扇子店、纽扣店、花边店、笛子店、梨膏糖店、南北货食品店……秦有友最爱逛的是花鸟店，里面有卖叫蝈蝈和蟋蟀的，还有卖金鱼和相思鸟的，连小白兔也可以买到呢！不过，秦有友零花钱太少，买不起可爱的小动物，他只能每天放学去那里看，一看就忘记了吃饭时间，总要妈妈赶过来把他找回去。

　　秦有友当然也喜欢小吃铺。在城隍庙的大殿前，几十个小吃铺围成一长圈。卖小吃的老板站在围起来的空地当中，摆上炉子、桌台板，还有各种各样的食料，热热闹闹地吆喝吃客。每天放学经过那里的时候，秦有友总是又欢喜又难过。

　　那些小吃太诱人了，有油豆腐线粉汤、小馄饨、开洋面，最叫秦有友流口水的是鸡鸭血汤。卖鸡鸭血汤的伯伯总是笑眯眯的，他卖的鸡鸭血汤分大碗和小碗两种，大碗五分钱一碗，小碗三分钱。小吃摊四周总是飘散着葱香和麻油香，秦有友经过时都要快步走，拼命咽下涌上来的口水。有时候，实在忍不住，就会用省下来的零钱买一碗三分钱的鸡鸭血汤吃。他和大人一起坐在长凳上，手里捧一碗刚出锅的鸡鸭血汤。褐色的鸡鸭血，配上青翠的葱花，撒上一小撮黄色的胡椒粉，浇上几滴香喷喷的麻油，喝一口汤，用舌头轻轻挤压，那软嫩的鸡鸭血

"噗"地一下化开来，伴随着葱的香、胡椒的辣、麻油的滑，一口咽下去，真是惬意极了。

在小吃铺的不远处，还有稀奇古怪的小摊铺。捏糖人的，剪纸的，拉洋片儿的，做棉花糖的，租小人书的……它们东一个西一个，吸引着行人停下来看。

总之，这里是全城最热闹最好玩的地方。别的孩子只有过节的时候，大人才会带他们去城隍庙玩。可秦有友的家偏偏就住在城隍庙后面，他天天可以过节，天天有看不厌的新鲜、说不完的趣事，怎不叫人羡慕呢？

下了课，大家便会围着秦有友问这问那。

"最近城隍庙又有啥好玩的了？"

"什么东西最好吃呀？"

"拉洋片儿的又演什么新故事了？"

秦有友就耐心地一五一十地回答他们。听的人常常是两眼放光，直咽口水。王大龙最喜欢听秦有友讲小吃，听着听着，就有一溜亮晶晶的口水挂在他的下巴上了。当然，大家更喜欢秦有友带"好吃的"给他们。这"好吃的"，用牛皮纸袋包着，沁出一汪汪的油渍，打开来，香味扑鼻，原来是秦有友用省下来的零花钱买的小吃边角料——沥干油的春卷皮碎屑！大家把"好吃的"倒在各自的手掌心，用舌头很爱惜地舔着吃，又香又脆。这对平时肚子里缺少油水的小朋友来说，够解馋的了！

三、被羡慕的人有了羡慕的人

但是，没过多久，总是被大家羡慕着的秦有友也有了一个羡慕的对象。

春节过后，从乡下探亲回来，秦有友有了一个新发现。他家隔壁的门面房居然开了一家神秘的新店。这家新店和城隍庙周围所有的店铺都不一样。它没有橱窗，封得严严实实的，只露出一个用太湖石砌起来的门洞，看上去好像一个大山洞。别的店铺都有用木头牌匾做的店招，这家店没有店招，只是用绸布撑出一个大幌子，上面写着"中华动物园"！

这是一个真的动物园吗？秦有友很好奇。以前秦有友最喜欢去花鸟商店晃悠，现在，难道和动物园做上邻居了吗？这太让人吃惊了。

秦有友吃饭也没有心思了，整天想着隔壁的"中华动物园"。一有空，就跑去"中华动物园"门口观察。从外面看，里面黑黢黢的，深不可测，而且很安静，什么也听不见。经常有三三两两的人结伴而来，在门口东张西望一会儿，就买门票进去了。卖门票的地方就在门洞旁边，开一个小窗，看不见里面的人，小窗上挂着一个纸牌子，上面写着：

参观券　每人一角

一角钱，对秦有友来说不是一个小数目。一角钱可以买两碗大碗的鸡鸭血汤，五纸袋春卷皮碎屑。秦有友一个月的零花钱加起来也不过一角钱，他宁可去花鸟商店免费看动物。话虽这么说，秦有友还是无法抵挡"中华动物园"的诱惑。那些从动物园里出来的人，总是一脸兴奋的表情，这让秦有友的心更痒了。

有一天，在动物园门口探头张望的秦有友看见里面走出来一个小女孩。这个小女孩秦有友很面熟，她也在松雪街小学上学，而且，她的班级就在他们三年级三班隔壁，她是三年级二班的。一下课，她就和几个小丫头在走廊里占位子跳橡皮筋。秦有友记住她是因为她是女孩子中间橡皮筋跳得最好的，头发也是最短的——她的头发几乎和秦有友剃得一样短。秦有友记得，别人都叫她阿桂桂。

现在，阿桂桂从"中华动物园"里面走出来，手里捧着一只大海碗，站在秦有友面前呼啦呼啦地吃泡饭。她咂巴着嘴，大口大口地用筷子划拉着泡饭，吃一口泡饭，再咬一口酱黄瓜，吃得真香。

秦有友咽了口唾沫，说："我认识你。"

阿桂桂从碗沿上抬起脑袋，看了一眼秦有友，说："我也认得你。"

"你住在这里？"秦有友问。

"嗯，这是我爸爸开的中华动物园。"阿桂桂直截了当地说，"春节前我们就搬过来了，这是我爸爸新租的店面。"

秦有友不说话。阿桂桂捧着海碗吃泡饭的形象一下子在他面前高大起来。她怎么会有一个开"中华动物园"的爸爸呢？秦有友想。

秦有友的爸爸在无线电厂上班，有了空，就在家捣鼓各种冷冰冰的电子管，那些东西一点都不好玩。

"里面有什么动物呢？"秦有友故作镇静地问。

"有……"阿桂桂咽下最后一口泡饭，眨巴着眼睛说，"嘿，有什么，看一眼不就知道了？"

"这……"秦有友下意识地摸摸口袋，不吱声，也不挪步。

阿桂桂一把拉过他的袖子，说："不要你买门票，免费！跟我来！"

不要钱就可以参观动物园？这是秦有友做梦也想不到的。他又惊又喜地跟在阿桂桂身后，走进了怪石嶙峋的门洞。

四、中华动物园

以前，秦有友参观过动物园，但眼前的动物园和他印象中的不一样。

走进"洞口"，光线一下子暗淡下来，脚下是一条用鹅卵石铺成的甬道。甬道两旁放着几排大小不一的鸟笼子。鸟笼子里装着各种各样叽叽喳喳叫个不停的小鸟，还有三只孔雀在鸟笼旁边踱步，见了人，只是歪着脑袋看，怎么也不肯开屏。

阿桂桂用筷子敲打饭碗，它们也不理睬。后来，干脆把屁股对着他们了。

秦有友和阿桂桂都有些失望，只好往前走。

再往里走，就看到一个很大的木澡盆。那里面会有什么呢？秦有友隔着铁栅栏探头朝里望，只看到木澡盆里摊着一床大棉被。

"这是什么？"秦有友问。

"仔细看就知道。"阿桂桂压低声音说。

秦有友又屏住呼吸看了一会儿。那床棉被缓缓地拱起来，拱成一座小山。又过了一会儿，从棉被下面伸出了一个扁扁的大脑袋。

"蟒蛇！"秦有友吓得往后退了一步。

"别怕，它脾气可好了！"阿桂桂说。

秦有友听阿桂桂的话，定下心，往前靠近了看。现在，秦有友看清楚了眼前的大蟒蛇，足足有海碗口那么粗，身上布满了云朵一样黄褐色的斑纹，它温顺地蜷缩在棉被下面，悄没声息地蠕动了一下，又安静下来，一动不动了。

"为什么要给它盖被子呢？"秦有友问。

"因为它是冷血动物呀，怕冷。人也要盖被子的。"阿桂桂说。

再往里走，秦有友还看见了刺猬和蜥蜴。那些刺猬一点儿也不友好，看见有人走过，马上抖起自己的兵器——竖起全身的尖刺朝人示威。

"哼，你不喜欢我，我也不喜欢你。"秦有友小声地咕哝。

接下来，他们来到了一间比较大的铁笼子前面，里面坐着

一只小黑猩猩。那小黑猩猩看他们过来，就把手从铁笼子的缝隙里伸出来，又招手，又努嘴巴，显得很兴奋。

阿桂桂也伸出手来，和小黑猩猩握手。

"它是我最喜欢的露露，它是女的，三岁了。"阿桂桂说。

"露露？"秦有友笑了，他们班上有个女同学也叫露露。

这是秦有友第一次这么凑近了和黑猩猩接触，它的手真大，好像一只小簸箕。露露一边用右手和阿桂桂握着，一边用左手拍打着笼子，仿佛在对阿桂桂说："这是谁啊？把你的朋友介绍给我吧。"

"这是我的新朋友秦有友。"阿桂桂指着秦有友对露露说。

露露像是听懂了，朝秦有友努努嘴巴。

秦有友手忙脚乱地掏口袋，从上衣口袋里摸出一粒五香豆。

"它能吃吗？"秦有友问阿桂桂。

"我也不知道，试试吧。"阿桂桂说。

于是，秦有友把那粒五香豆递给笼子里的露露。露露眼巴巴地看着秦有友的一举一动，咽着口水，很想要吃的样子。它接过秦有友手里的五香豆，往嘴里一放，有滋有味地咀嚼起来。

"好吃吗？"秦有友问。

这时，从房子后面传来一阵低沉的吼声，听得人寒毛直竖。

秦有友睁圆了眼睛问阿桂桂："那是什么？是老虎吗？"

阿桂桂却嘻嘻一笑，说："不是，是金钱豹！"

说着，拉过秦有友就往房子后面走。

秦有友的脚步却停住了。

"为什么不走？"阿桂桂回过头来问。

"我害怕！"

"怕什么？不怕！那小豹子通人性呢，是马戏团来的豹子。"阿桂桂说。

秦有友怕阿桂桂笑话他，只好乖乖地跟上。只走出三两步，又听见长长低低的吼声。秦有友又不肯挪步了。

"真的不怕。"阿桂桂嘻嘻一笑，拖着秦有友往前走，"它在笼子里，跑不出来的！"

秦有友被拖到了一个铁笼子前面停住了，他睁开眼，看见笼子里面果真有一只小豹子在看着他。秦有友不敢靠近，只敢站在一米开外。

"不怕！"阿桂桂说着，把手伸进了铁笼子。

"别！"秦有友紧张得连气都不敢喘。

"不怕！"阿桂桂又说了一句。这时候，眼前出现了不可思议的一幕，那小豹子居然低下头，用舌头轻轻舔了舔阿桂桂摊开的掌心。

阿桂桂咯咯咯地笑起来，赶紧缩回了手，说："痒，真痒！"

秦有友站在阿桂桂身后看呆了。现在，他对阿桂桂不止是羡慕，而且佩服得五体投地。

"你也试试，它不会伤你的。"阿桂桂笑着说。

"不……"秦有友赶紧把双手塞进了上衣口袋里，摇摇头。

"胆小鬼！"阿桂桂没有勉强他，但还是给了他鼓励，"那就下次再试吧！"

"下次？"

"嗯，当然有下次啦。只要你喜欢，随时进来玩。"阿桂桂说完，又凑到秦有友耳边说了一句，"不用买门票。我爸爸说了，我的朋友都不用买门票的。"

"真的吗？"

"当然是真的！"阿桂桂伸出右手的小手指和秦有友拉钩。

从此，秦有友多了一个好邻居、好朋友——阿桂桂，她可不是一般的女孩儿哦，她家是开动物园的！而且，她敢让金钱豹舔她的手心！

五、和露露交朋友

秦有友不但佩服阿桂桂，也很喜欢阿桂桂。他喜欢阿桂桂乌溜溜的圆眼睛，喜欢她伶牙俐齿会讲话，还喜欢她胆子大气量大。她可不像有的女孩子那样扭扭捏捏的，动不动就尖叫。要是秦有友被邻居的大孩子欺负了，阿桂桂会帮助他吵架。阿桂桂还告诉了秦有友一个小秘密：她的头发为什么这么短呢？因为她和路边的流浪儿凑在一起玩，染上了满头的虱子，清也清不干净，没办法，她妈妈只好咔嚓咔嚓把她的头发都剪短了。

"短头发好！"阿桂桂晃动着她的男孩头说。

因为有了阿桂桂这个好朋友，秦有友每天都去"中华动物园"玩，他给班上的同学带来了新的有趣的故事。他的同学们更加羡慕他了。每天都有人缠着他问："昨天去看露露了吗？""你给露露吃什么呀？""大蟒蛇还盖着被子吗？""你让小豹子舔你的手心了吗？"

阿桂桂呢，自然成了整个三年级的明星。她向她的爸爸申请，轮流带熟悉的或者不熟悉的小伙伴去参观"中华动物园"，都是免费的。

不过，去中华动物园的小朋友再多，也比不上秦有友方便。谁让他和动物园做邻居呢？只要他愿意，随时都可以自由出入动物园，即使没有阿桂桂陪也没关系。

现在，秦有友的注意力全在"中华动物园"上面，对那些小吃摊、糖人铺、小人书摊的兴趣大大降低。放学回家，还没来得及放书包，第一件事就是去动物园看动物。在所有的动物里面，和他最要好的是露露。一见到秦有友，露露就会用拍打铁笼子，表示它"很开心"。

秦有友觉得，露露除了不会说话，和人几乎没什么两样。见了秦有友，露露就会热情地和他握手。秦有友给它吃香蕉，它会自己剥皮。有一次，秦有友当着露露的面喝瓶装汽水，露露就伸出手来跟秦有友要。秦有友想逗逗它，就把另一只装着凉开水的瓶子递给它。露露却不接，用它粗大的手指点点秦有友手里的瓶子，又努努嘴，意思是要喝秦有友手里的。

站在旁边看的大人就笑起来："原来猩猩也会挑肥拣瘦，知道汽水比白开水好喝呢！"

秦有友没办法，只好把喝了一半的橘子汽水递给它。露露接过瓶子，仰起脖子，咕嘟咕嘟两口把汽水喝光，一边喝一边不住地点头。喝光了，它舔舔嘴唇，又朝秦有友伸出了手，还做出怪相，好像在说："再给我喝点吧！"

露露还像人一样会生气。

有一次，秦有友直接走进动物园里去找阿桂桂。阿桂桂正在后面和小豹子玩。秦有友经过露露的铁笼子，看也没看它，径自走了过去。才走几步，就听见身后传来"咚"的一声响。秦有友一愣，回头看时，发现露露满脸不高兴，噘着嘴在铁笼子后面望着他。秦有友马上明白，他忘记和露露打招呼了，刚才那一声"咚"，是露露拍铁栏杆向他提抗议呢！秦有友转身走回去，重新在露露的铁笼子外面走了一趟，向露露又招手又微笑。露露扬起头来，朝秦有友努努嘴，脸上的不高兴一扫而光，原谅了秦有友的不礼貌。

你说，有这样一位猩猩朋友，该有多开心呢！

六、和露露一起逃走

秦有友和阿桂桂都没有想到，他们很快就将失去露露这个好朋友了。

星期天下午，秦有友正趴在桌上写作业，写着写着，快要迷迷糊糊地睡着了。这时候，听见有人在外面拍打窗户。秦有友一抬头，看见阿桂桂把脸贴在窗玻璃上，鼻子也给压瘪了，一边拍，还一边说着什么，表情很焦急。

秦有友放下铅笔，回头看看家里没有人，便一溜烟跑了出去。

阿桂桂迎上来，急冲冲地说："糟糕啦！"

"什么糟糕啦？"秦有友问。

"我爸爸，我爸爸要把露露卖给别人了！"阿桂桂说。

露露是阿桂桂和秦有友共同的最好的朋友，怎么可以卖给别人呢？卖给别人就意味着"中华动物园"里没有了露露，秦有友和阿桂桂就见不到露露，露露也要离开秦有友和阿桂桂了……好多念头在秦有友脑袋里转，这么一想，秦有友也焦急起来。

"明天，明天，他们就要来把露露带走！"因为紧张，阿桂桂说话也结巴起来，"他们会把露露带到很远很远的地方去……"

"那怎么办呢？"秦有友不等她说完，问她。

"他们说不定会杀了它，剥它的皮。"阿桂桂继续想象道。

"真的吗？"秦有友吓得闭上了眼睛，又睁开。

"真的！"阿桂桂用力点点头。

"那怎么办？"

"我们要救露露！"阿桂桂咬咬牙说。

"怎么救呢？"

"秦有友，你是不是我的好朋友？"

"当然是啦。"

"你一定会帮我一起救露露的吧？"

"当然啦，快点说，怎么救啊？"秦有友急死了。

"其实，我都已经想好了。"阿桂桂凑近了秦有友的耳朵，把她的计划仔仔细细地说了一遍。

阿桂桂的计划让秦有友吓了一跳——她要把露露带走，藏起来，让明天来买露露的人扑个空！但是，要把这样一只活生生的猩猩带走，对于两个小孩来说，太不可思议了。

可是，谁让她是天不怕地不怕的阿桂桂呢？阿桂桂想好的事，秦有友当然要帮她，再说，秦有友也想不出更好的办法来了。

天黑了，"中华动物园"早早关了门。秦有友按照阿桂桂的吩咐，站在城隍庙的大殿门口等"乌龟车"。"乌龟车"是一种三个轮子的出租小汽车，只有非常有钱的人才坐得起，秦有友

长这么大还没坐过呢。

等了一会儿，"乌龟车"来了，开车的是一位和秦有友妈妈差不多年纪的阿姨。看见秦有友，那阿姨问："怎么是你呢？你家大人呢？"

秦有友愣了一下，指指弄堂口说："在里面等呢。"

他上了"乌龟车"，把车子带到了"中华动物园"门口。阿桂桂早已带着露露等在门边上了，一见车子过来，她就闪了出来。

秦有友回头一看，露露正蹲在一只铁笼子里。阿桂桂真有办法，她是怎么让露露进笼子的呢？

"去哪里？"司机阿姨却没有注意那只笼子。

"阿姨，请帮忙一起抬一下笼子。"阿桂桂央求道。

"这是什么？"阿姨下了车，看着笼子傻眼了。

"是小猩猩。"阿桂桂镇定地说。

"哦，动物园的。"那阿姨抬头看了看"中华动物园"的幌子，不再说话，和阿桂桂、秦有友一起把笼子抬上了车。

"去召家楼。"上了车，阿桂桂老练地说。秦有友知道，召家楼是阿桂桂家的老宅子。

"你家没大人吗？要两元车费哦。"那阿姨说。

"阿姨，您放心，我带上车费了。"阿桂桂说。

司机阿姨不吭声，"乌龟车"开动起来。

"露露，你乖点哦。"阿桂桂对笼子里的露露说。

可是，露露不听话。也许是车子里太拥挤太闷了，车子没开出多远，它就生了气，对着车窗"噗噗"地吐唾沫。

司机阿姨听见了，说："它干什么呢？弄脏了车子你们擦啊。"

坐在前排的秦有友回过头，看见露露扭头对着车窗外，嘴里咕叽咕叽地响，响了一会儿，"噗"的一声，唾沫就吐到了窗玻璃上。

"露露，乖点。"阿桂桂哄露露。

露露像是听懂了她的话，朝她看了看，闭上嘴巴不吐了。

"它能听懂人话啊？"司机阿姨问。

"是啊，它可聪明了。"

阿桂桂开始骄傲地滔滔不绝地讲述露露的故事。不高兴了，就对着游客吐口水，而且一吐一个准。它最喜欢吃香蕉，不喜欢吃桃子。有一次给它吃的桃子有点酸，露露不乐意，实在饿得不行了，才去吃桃子，一边吃，一边把桃核在嘴巴里咕噜着，然后把桃核东一个西一个用力吐得很远，来发泄心里的不满。

还有一次，它生病了，流鼻涕，阿桂桂的爸爸就拿来感冒冲剂喂它，它乖乖地张嘴喝药，喝了一半，它咧咧嘴，不喝了，可能是因为药有点苦。这时候，阿桂桂的爸爸说："不能吐，吃下去！"露露就吧嗒了几下眼皮，看看旁边的阿桂桂，好像在说："太苦了，不好吃。"阿桂桂拍拍它的脑袋，说："吃吧，你最勇敢了，吃了药病就好了。"露露像是听懂了好朋友的话，脸上还露出得意的表情，把脑袋靠在铁栏杆上任由阿桂桂抚摸，然后很快把药喝光了……

司机阿姨一边听阿桂桂讲故事，一边笑。这一路开得特别顺利，半个多小时以后，到达了召家楼。司机阿姨帮助阿桂桂和秦有友把露露搬进了屋子，像自己家的长辈一样叮嘱了一番，才重新开上"乌龟车"走掉了。

秦有友打量着这间空屋子，又看了看笼子里一脸茫然的露露，问阿桂桂："接下来，我们该怎么办呢？"

秦有友到这时候才想起来，今晚他们可能回不去了，他还没来得及跟爸爸妈妈打招呼呢。

阿桂桂正忙着从背包里往外掏各种吃的，香蕉、橘子，都是露露的。露露一定在铁笼子里待得很不舒服，它用手拍打着笼子，用眼神央求阿桂桂放它出来。

阿桂桂打开铁笼子，露露钻了出来。阿桂桂递给它一根香蕉，露露坐在那里吃，两只眼睛看看阿桂桂，又看看秦有友。

它好像明白自己为什么来到这个陌生的地方，明白两个小朋友为了救它才这么做，一点儿也没有捣乱。

"它多可爱啊。"阿桂桂看着露露说。

"是啊。"秦有友说。

"我想不出来它卖到别人手里会怎么样，我看不见它会怎么样。"阿桂桂说着，眼睛里汪起了泪水。

"现在有我们保护它。"秦有友说。

只要过了明天，买的人找不到露露，说不定，露露就可以逃过一劫。两个小孩儿想。

"长大了，我也要像爸爸一样开动物园，让露露生小露露，一直生活在我的动物园里。"阿桂桂继续说。

"那我来帮你做饲养员。"秦有友说。

"真的吗？"

"真的！不信拉钩！"

秦有友伸出手来，和阿桂桂又拉了一次钩儿。这是他们第二次拉钩。

老屋子里积满了灰尘，阿桂桂和秦有友拿起扫把和抹布开始打扫房间。露露观察着他俩的一举一动，它摸摸角落里闲置的扫把，并且抬眼看阿桂桂。看阿桂桂没什么反应，就大着胆子拿起了扫把，学着阿桂桂的样子扫地，还像模像样的，逗得阿桂桂和秦有友哈哈大笑。

后来，它又学秦有友擦桌子。露露半张着嘴，目不转睛地盯着秦有友的一举一动。看了一会儿，它就用手蘸了桶里的水，在地上一阵乱抹。地板被它抹成了大花脸，可秦有友还是一再夸它："露露真聪明，真能干啊！"于是，露露抹得更加起劲儿了，把桶里的水泼得到处都是。

夜渐渐深了，准备睡觉了。

露露回到了铁笼子里，秦有友和阿桂桂背靠背睡在大木床上，又开始憧憬起长大后开动物园的事。

"我要把动物园开在山上，老大老大的，远远地还能看见海。"阿桂桂说。

"动物园里除了老虎，还要有恐龙。"秦有友说。

"还要有大熊猫。"

"还要有河马！"

"海豚！"

"鲸鱼！"

说着说着，他们仿佛真的拥有了一个奇大无比的动物园。两个人在无比美好的梦里睡着了。

七、一起游大街

第二天一大早，秦有友就被"哐哐哐"的声音吵醒了。原来是露露在拍打笼子。秦有友睁开眼睛一看，发现阿桂桂弓着身子睡得很香。阳光从窗外射进来，把老房子里的每一件东西都照得清清楚楚的。他看见老八仙桌上放着一只空碗，碗柜底下横躺着一个扫把，屋子角落里有一张蜘蛛网在飘飘荡荡。想起昨晚上发生的事，秦有友觉得好像做梦一样。他忽然意识到，自己和阿桂桂做了一件了不起的"大事"。

他一个骨碌爬起来，下了床，走到露露的笼子跟前。露露用手指了指笼子的插销，示意他把笼子打开。

露露从笼子里出来后，就去掏秦有友的口袋。那口袋里装着花生米，昨天晚上他拿给露露吃过。现在，它一大早又馋上了。秦有友摸了摸口袋，只剩下两颗了。他把两颗花生米放在手心里，露露马上手舞足蹈，叫了两声，伸出手来接秦有友手心里的花生米。一眨眼，那两颗花生米就进了露露的肚子。

吃完了，露露眼巴巴地望着秦有友，好像在说："我还想吃！"

秦有友摊开手掌，说："没有啦！"

这时候，阿桂桂也醒了。她伸着懒腰下了床，走到露露身边，说："好了，过了今天就好了。"

秦有友忽然非常沮丧，说："我妈妈，要是我妈妈找不到我会急死的。"

"过了今天就好了。"阿桂桂说。

"过了今天还有明天呢，我们能在这里待多久？"秦有友现在觉得阿桂桂的主意蠢极了，他妈妈早就说过"过了今天，过不了明天"。

阿桂桂不作声了，她大概也意识到自己想得太简单了。昨天晚上憧憬的梦此刻早就消退得无影无踪，两个人都变得垂头丧气起来。

只有露露显得无忧无虑，它摇晃着脑袋，挥动双臂拍打着地板，侧着脑袋倾听那有节奏的沉闷的"砰砰"声。

这时候，门外响起一阵急促的脚步声，接着就听见有人在外面急躁地叫"阿桂桂"，一边叫，一边用手拍打着木门。门从里面反锁了，从外面无法用钥匙打开。

听出来了，那是阿桂桂的爸爸。虽然阿桂桂的爸爸是"中华动物园"的老板，但秦有友难得见他。印象里，阿桂桂的爸爸长得很高大，也很少笑，秦有友有些害怕他。

"秦有友！秦有友！"那是秦有友的妈妈在叫。

秦有友这会儿脑子里跳出来的最大的念头是，大人真是料事如神啊！

但阿桂桂还想抵抗。她一扭头，跑去推那张老八仙桌，打算用它堵住门。秦有友马上反应过来，去帮她一起推。这时候，奇怪的事情发生了，两人推着推着，感觉桌子一阵一阵地变轻。低头一看，原来露露在帮他们的忙。它用后背抵住桌子脚，两脚撑在地上，用力帮他们推桌子。

八仙桌被推到了门后，用力抵住了门。

"快开门！露露呢，你把露露藏哪儿去了？"阿桂桂的爸爸在外面大声说。

"不许你把露露卖掉！"阿桂桂带着哭腔在里面嚷。

"大人的事你别管！"

"不要，说什么也不能把露露卖掉！"阿桂桂的眼泪哗哗地往下流，这是秦有友第一次看见阿桂桂哭。

门外的爸爸不说话。

秦有友的妈妈却在说："有友，你这孩子，真不懂事，我们找了你们一夜了……"

想到妈妈一夜没睡觉，秦有友感到很自责。他想把门打开，但是阿桂桂还是死死地抵着门。

"露露是我最好的朋友，我不能失去露露，求求爸爸别把它卖掉……"阿桂桂哭着说。

看阿桂桂哭得这么伤心，秦有友也哭了。

外面又安静了一阵。过了一会儿，阿桂桂的爸爸说："好吧，你把门打开，我不卖露露了。"

"真的？"阿桂桂睁大眼睛，抹了一把眼泪，对着门问。

"真的！赶紧开门！"外面斩钉截铁地回答。

阿桂桂和秦有友又开始吃力地挪动八仙桌，但这回，露露没有帮忙，它只是牵拉着手，站在旁边看。

门被打开了。

阿桂桂的爸爸妈妈、秦有友的爸爸妈妈，还有"中华动物园"的两个饲养员伯伯一起走了进来。原来门外站了那么多人。

露露重新被装回了铁笼子。几个大人抬起铁笼子，装上了一辆黄鱼车。阿桂桂和秦有友跟其余的大人一起坐上了另一辆黄鱼车。大白天的，露露在笼子里好奇地打量着陌生的街道和楼房，所有的行人都停下脚步欣喜地对着露露指指点点。现在，全城的人都看到了露露。

秦有友和阿桂桂一声不响地坐在后面一辆黄鱼车上。他们不知道在这场行动中，究竟是"赢了"还是"输了"。他们"救"下了露露，自己却成了"俘虏"。

他们听见黄鱼车上的大人在议论：

"这两个小家伙本事还真大，怎么把露露弄到这么远的地方来的？"

"还不是舍不得那只小猩猩。"

"这种事可不能有下次，阿桂桂太自说自话了，胆子太大。"

"秦有友也是一只跟屁虫。"

"就是，以后得好好教育一下。"

…………

大人们接下去说的话，秦有友和阿桂桂都没有听清楚。他们被一路经过的风景吸引住了，坐着黄鱼车逛街，真是一件好玩的事情。那些路边的行人，一个个嘴巴张得大大的，他们第一次看见猩猩坐在黄鱼车上逛街，一惊一乍，大呼小叫的，真是少见多怪！

八、阿桂桂是谁啊

《和动物园做邻居》的故事讲完了。

什么？你说故事还没完？后来怎么样了？

我爷爷把故事讲到这里，就停住了。我也缠着爷爷问："后来呢？后来怎么样了？"

露露真的没有被卖掉吗？

那个"中华动物园"现在还有吗？

阿桂桂呢？阿桂桂现在在哪里？

我有太多的问题要问爷爷。

爷爷告诉我，露露后来的确没有被卖掉。阿桂桂的爸爸被女儿的勇敢和诚意打动了，同意留下露露。露露继续和阿桂桂、秦有友做着好朋友。经过这件事，他们的感情更好了。

"中华动物园"现在当然没有了。又过了一些年，国家不再允许私人开设动物园，阿桂桂的爸爸只好把"中华动物园"关掉了。秦有友也失去了他孩提时代最喜欢的乐园。

至于阿桂桂嘛……她和秦有友一样，也长大了。

"当了妈妈，还当了奶奶。"爷爷说。

"那……阿桂桂现在在哪里呢？"我追着爷爷问，我太喜欢这个阿桂桂了。

这时候，我的奶奶买菜回来了。

爷爷朝奶奶努努嘴，说："问你奶奶去！"

我看看爷爷，又看看奶奶。不明白爷爷的意思。

爷爷又问我："你奶奶叫什么名字？"

"我奶奶叫——李小桂啊。"

我一拍脑袋，高兴得跳起来！原来，我奶奶就是阿桂桂，阿桂桂就是我奶奶。这《和动物园做邻居》说的就是我爷爷和奶奶小时候的事啊！

初潮

一

"谁愿意做生理卫生课代表？"罗老师又问了一遍。她的声音略微沙哑，像是患了感冒，底气不足的样子。

没有人举手。

"谁愿意？"声音那头仿佛远远地有只鼓风机在响。

罗老师皱了皱眉，手指在讲台上焦灼地轻轻点了两下。初一（3）班很少发生这种令她尴尬的事。这学期，各门课的课代表由学生自荐，也算一种改革，其他课都报名踊跃，独独问到生理卫生课，底下竟鸦雀无声。

有人故作轻松地朝窗外看，更多的人低着头，回避着罗老师征询的目光。这些男孩女孩正是发育的年龄，可似乎谁都不愿承认这个，对生理卫生课讳莫如深，上课时所有的人都眼观鼻、鼻观心，心诚目洁意守丹田，但还是忍不住脸红心跳。出现这样的冷场亦在罗老师意料之中。

难挨的沉默之后，终于有一个小小的身子从座位上迟迟疑疑地站起来，是多米。

罗老师心里一亮，把有些欣喜的目光投向她。多米却没有接住，她照旧低着头，用不大不小的声音说："如果大家都不愿当，那就我来当吧。"

多米是个早产儿，生下来才四斤二两，因为先天不足，长大后也弱不禁风，身体像片薄薄的叶子，比同龄的女孩矮半头。在班上，多米没有一官半职，心里偷偷羡慕别人收发作业簿时的神气劲儿，如今有了机会，便斗胆试试。

多米坐下时，旁的同学才恢复了正襟危坐的姿势，甚至能感觉到他们的心里悄无声息地舒出一口气来，气氛才慢慢活跃起来。

自从当了课代表，多米上生理卫生课越发认真了，每次课前跑前跑后地替老师拿挂图、分发练习册，乐此不疲。有一次因为临时改课，和（1）班并在一起上课，又恰巧没有挂图，多米竟然在黑板上用彩色粉笔端端正正地画了两幅男女解剖图，还一一标上器官名称，除了个别地方，她画得相当准确。把老师和同学都惊得目瞪口呆，但从此多米也"臭名远扬"。她一下子变成了一个早熟的思想复杂的女孩，其他班的女孩在多米背后指指戳戳，说"别看她个子小小的，其实……"下面的话就不太清楚了，你可以充分施展你的想象力。多米背着书包经过（1）班门口的时候，一句热辣辣的话从耳边掠过，多米的眼泪差点涌出来。

罗老师大概也听说了什么，放学后把多米叫到办公室。办公室的窗台上放着一盆米兰，开着花，淡黄的花蕊一小簇一小簇地从叶间冒出来，芬芳而淡雅。多米家里的米兰也开了花，只是花苞没那么多，像寂寥的星星。

"你做得很对，多米。"罗老师说，"笑话你的同学是因为他们太不懂事，长大了他们就会明白自己是多么傻。"

多米点点头，她并不完全懂那话里的意思，但她还是从罗老师的目光里得到了些许安慰。

二

多米在画解剖图前一直不受重视，而自那以后，男生的目光里似乎有了一点变化，这是另一种效应。在这个懵懂的年龄，男孩女孩相互吸引又排斥的年龄，一个瘦小的女孩在众目睽睽之下在黑板上画下男女生殖器官，那情景的确撼人心魄。而做这一切，多米全然是出于一份责任心，哪怕她也是一知半解。可别人不这么看。

开始有男生主动和她搭话，话音里半是调侃半是认真。晏老是回头朝她看。晏有好听的文绉绉的名字，长相却令人不敢恭维。宽脸盘上布满了雀斑，一笑便露出满口黑黑的参差不齐的牙齿。晏还是留级生。趁没人的时候，晏走近多米，上下打量了一番，目光停在她平坦的胸脯上，阴阳怪气地从鼻子里哼出一句："你大概是长僵了吧？怎么像棵僵豆芽。"多米几乎要窒息，强忍着不去看晏的脸，眼神停在摊开的课本上，手微微发抖，一股凉气在她的胸膛里翻腾。

多米想哭，但不可以。

这时多米发现自己正抬头迎视着晏，并看见他撇了撇嘴，无趣地晃荡着走开。多米的手心还汗津津的，发觉一只温热的同样汗津津的手在她的掌心轻触了一下，然后迎来了同桌叶子湿湿的目光。她半俯着身子，脸色纸一样苍白，半边脸颊无力地贴在桌面上，右手捂着下腹，鼻息粗重。

多米想起刚才体育课上的一幕。

是跑 800 米，女生们像遇到了瘟神一样地惧怕跑 800 米。这是多么折磨人的刑罚，跑一次 800 米，不但气喘如鼓，双腿还像灌了铅般沉重，几乎要死过去。一圈跑下来，叶子便已面色煞白，脚步越来越拖沓，到最后竟跌坐在地上。女生们呼啦一下跑过去围住她问长问短，叶子双手捂着肚子不说话，过了好半天才抖抖索索地站起来。不知谁惊叫了一声："叶子，你裤子后面……"

只见叶子的裤子上触目地红了一大摊，像枫叶的形状，其他女生一下子紧张起来，齐刷刷地围过来，神秘兮兮地不让男生看见。这时候，体育老师走过来。体育老师是男的，女生们都很尴尬，立在那儿不说话，互相使眼色。老师可能也看出了大家的心思，只是轻描淡写地说了句："以后碰到这种情况要避免剧烈的运动，否则对身体不利。"

班长陪着叶子去罗老师的办公室换衣服。叶子出来的时候，穿了罗老师的蓝裙子，长长大大的，像烧香婆。腰围太大，还用回形针别着。多米看着叶子，心里可怜她，却有一种说不出的羡慕。叶子是真正的女孩子了，多米想。在多米周围已有好多真正的女孩子了。在女厕所里，常见同年级或高年级的女生窃窃私语，或心有灵犀地相视一笑。多米能读懂她们眼睛里的内容，似乎有一种生命密码在里头。那是女孩子先天的感应。

而此刻，刚刚缓过来的叶子握紧了多米的手，抬头望了望晏的背影，皱皱眉，小声地对多米说："别理他。"多米对叶子笑笑，摇摇头。

三

冬天越来越近了，人变得越发慵懒。早上多米总起不来，妈妈一次又一次掀她的被角，冷风呼呼地灌进来，她还是醒不了。妈妈不满地咕哝："都上初中了，还像个小小孩。"多米就呼地坐起来："谁说我像小小孩？"

这一阵，多米最烦别人说她长不大，似乎那是对她的侮辱。在生着暖气的浴室里洗澡，多米感受着温暖的细细的水流抚摩着她的肌肤，舒舒爽爽，痒痒的，心里便泛起异样的潮暖的感觉。多米下意识地望了望镜子里的自己，她雪白的身体被笼在氤氲的雾气里，瘦瘦的肩胛和手臂让人联想到河边的柳树，单薄纤细，风吹即倒。还有看上去刚刚苏醒的胸脯……多米拿着浴擦的手在胸前缓缓移动，在身体上擦出一簇簇白色的泡沫，像原野上的雪，热气蒙住了镜子……

多米又想起了晏含义复杂的表情，几乎要哭出来了。她想，自己当什么生理卫生课代表呢？让别人注意自己吗？还是给别人当靶子？每次妈妈跟人家介绍女儿是当课代表的，对方就会目光灼灼地问："是外语课代表吗？""不，是生理卫生课代表。"那眼睛里的好奇便会噗地一下如火星一般熄灭，妈妈的话音也会变得懊恼无力。这让多米又自卑又恼火。

这天，多米起了大早，为了不想听妈妈的唠叨，三口两口地啃完面包，又将牛奶灌进肚里，多米便出了门。

这是栋高层，电梯好一会儿才上到十七楼。多米走进去，冲电梯工咧嘴一笑，算是打了招呼。多米不善叫人，不像别的孩子嘴巴甜甜的讨人喜欢，这让她稍感自卑，时常在生人面前局促不安。电梯工说："这么早就上学啊？"多米点点头："我五点就起床了，早点去学校。"电梯工又爱抚地摸摸多米的手臂，说："我儿子最爱睡懒觉，他能像你这样懂事就好啦。"

下到十楼的时候，进来一个大学生模样的女孩。现在电梯里有了三个人。大学生模样的女孩冲多米笑笑，这一笑便拉近了距离。多米还从没见过这个大女孩，她的打扮很奇特，不，应该说很有个性。她上身穿一件绿色的棉袄，下身穿着红色的牛仔裤，黑靴子，脖子上围一条火红的围巾。一红一绿，在她身上出奇地和谐，好像在冬天里惊遇了春天的气息。

"你叫什么？怎么从来都没见过你？"大女孩粲然一笑，把多米心里的疑问提了出来。

"多米。我从来没这么早出门。"

"难怪。我叫饶，希望以后能常常遇见你。"

"我也想呀。"多米说。

饶又笑起来。她很爱笑，爱笑的人容易接近，何况饶的笑容很美，孩子气地单纯。

就这样，多米和饶认识了。她们一同走出电梯，还并肩走到车站。上车的时候，饶对多米挥挥手说："我挺喜欢你的，以后来找我玩好吗？记住，十楼！"多米使劲地点点头，心里有一朵花悄悄地绽放开来。

多米目送着车子远去，直到车尾消失在早晨湿漉漉的雾气里。饶的大学在这个城市的西北角，那所大学有着这个城市最美丽的校园。在饶以前，多米还没有接触过这个年龄的大女孩呢。

四

叶子的座位空着，罗老师说叶子请了病假。后座的女生冲多米挤眼睛，神色暧昧地说："一定又是那个事情。"上个月这个时候，叶子在罗老师的办公室里抱着热水袋不肯出来，后来还是她的爸爸用自行车把她驮了回去。叶子走后，女生们长吁短叹，同病相怜的样子。多米还没有那样的烦恼，不知这是幸运还是遗憾。但那也许迟早会有，多米想。

不知为什么，多米一直想着饶，脑海中隐隐绰绰地闪现饶被风吹动的红围巾，围巾的流苏在朔风里颤抖，仿佛震颤的火苗。

饶每星期回家一趟，多米家的电话会"铃铃铃"地响，多米便知道是饶回来了。她风一样地蹿到十楼，去敲饶的门。

饶有自己的房间，饶的房间和饶一样有个性。天花板被画成了天空，是那种透明的秋天的蓝色，有大朵的游走的白云；墙壁上装饰了干芦苇和云南的扎染壁挂，乡野气息扑面而来。

饶说她渴望田园风光，最欣赏陶渊明"采菊东篱下，悠然见南山"的意境，即使身居都市，也要为自己营造一种自然氛围。"这样会保持恬淡的心境。"多米听饶说"恬淡"两个字，见她薄薄的嘴唇弯成好看的月牙形，心像被一只无形的手轻轻一点。

饶坐到琴凳上给多米弹琴，琴声流水一般涓涓细淌。多米注视着饶沉醉的侧影问："是不是女孩长大了都像你一样快乐？"

"难道你不快乐？"饶问。

多米点点头，然后她说起生理卫生课上的尴尬，说起晏恶劣的玩笑，还有叶子……饶仔细地听着，一直专注地看着多米的眼睛。多米看见有一丝微笑从饶的眸子里滑过去。

"我很幼稚，是不是？"多米住了口，抿起嘴巴。

"不，你很幸福。"饶纠正她，"你那么单纯那么可爱，很多人都会羡慕你。"饶说完，依旧微笑着注视多米。

多米想，饶是在安慰她。可她还是忍不住问饶："是不是我自荐当生理卫生课代表很傻，我真的是惹火烧身。本来我一点都不显眼，可自从画了解剖图，别人都对我另眼看待，可我又不敢辞职……"多米絮絮叨叨地说着，眼睛里蒙了一层委屈的雾。

饶仔细地听着，脸上的表情渐渐舒展开来："要知道，你有多么勇敢，多么了不起，那些笑话你的同学是因为嫉妒你。真的，多米，长大是一件很美丽的事情。别的孩子不能正视它，而你比他们领先了一步。"

"美丽的事情？"多米重复了一遍。

"是的，美丽的事情。"饶说。

多米还是觉得饶没有完全解决她的问题，但心里多少好受些了。

饶似乎看出了多米的心思，又补充了一句："这是一个过程，将来你会明白的。"饶冲多米很肯定地点点头。

然后多米岔开话题，问起饶大学里的事情。对多米来说，连上高中都似乎遥不可及，更不用说大学了。饶说她的寝室里住着八个性格各异的女孩，来自天南海北，每天都有故事发生。在大学里，只要你愿意，便可以学到尽可能多的东西，它给你提供了最充分的自由和机会。饶说她上了大学才认识了自己，原来她也很内向，有时甚至自卑，后来她试图改变自己，尝试着敞开心扉，学会包容。

"你的心灵敞开了，就好比进入了另一个世界。"饶意味深长地说。

多米喜欢看饶说话的样子，甚至她的举手投足。饶的身体里流淌着一种年轻的液汁和神秘的气息。不说话的时候，饶的眼神也是语言，笑起来，便有一股不可遏制的青春活力在空气中飞扬。

以后，我也会像饶一样吗？多米不止一次这样想。

五

春天到来了。

有一天，多米见脸色有些苍白，装着很懂的样子问："是不是因为那个？"

饶却笑而不答。好半天，饶才吞吞吐吐地问："你能不能帮我一个忙？"多米心里一惊，却有一种意外的惊喜。

她们说话的时候，一辆辆的自行车从身边驶过去，骑车人总要好奇地回头看一眼。暖风熏得多米有些醉了。这一高一矮的两个女孩，紧挨着走在一起，有一种很特别的美丽。多米好不容易弄懂了饶的意思。不知是不好意思，还是小看了多米的理解力，饶的话说得含含糊糊，有些晦涩，但多米毕竟是弄懂了，也许同是女孩，天生有共通的东西。

饶的意思是说，她遇到了一点小小的麻烦，有一个大学男生经常找她，给她送花，邀她看电影。可饶实在不喜欢那个男生，所以她总是找借口拒绝他。可那个男生锲而不舍，还是频频地给饶写信、送花，饶的心里便有些烦起来。怎样才能让他知难而退呢？饶想来想去，终于想起了多米，她觉得多米可以帮她这个忙。饶说话的时候，眼睛瞥着街沿，似乎不敢正视多米的目光。多米在心里暗自发笑，心想总是潇潇洒洒的饶也有尴尬的时候啊。

多米觉得自己是投入了一场游戏，主角是饶，她是配角。她乐颠颠地跟着饶去赴那个男生的约会，有一种恶作剧的快感。

那是一家坐落在闹市中心的风格典雅的电影院，多米远远地望见那个脸庞白净的可怜的男生站在门口焦灼地翘首张望。饶捏紧了多米的手，脸上故意装出笑来。男生一见饶身边的多米便显出失望的神色。饶指指多米说："我的表妹，我每回出来都要带着她。"怕对方没领会，饶又字正腔圆地重复了一遍。于是三个人进场，饶让多米坐她和男生中间，拈了一颗话梅在嘴里含着，整场电影三个人没说一句话。电影放了些什么，多米全没看进去，只觉如坐针毡，想来饶也是。出场的时候，男生没说什么就和她们告别，饶的表情才稍稍放轻松一些。

"谢谢你，多米。"饶说。

"我没想到自己还能帮上你的忙，我总是以为只有我这个年龄的孩子才需要帮助。"多米喘了口气说。不知为什么，这个时候饶却沉默了。

她们跳上了往东驶去的 26 路空调车。车厢空荡荡的，售票员正和熟人聊天，她们拣了个靠窗的座位坐下。车缓缓地行驶着，路上行人的表情千姿百态，饶一直侧脸望着窗外，不言语，似乎有一种情绪在罩着她，那种情绪多米有些熟悉又有些陌生。

"怎么了？"多米推推饶说。

饶转过脸来，目光迷离着，她压低声音对多米说："我有一个秘密，谁都没有告诉，只告诉你。"

饶顿了顿，继续说："我喜欢一个人，可惜他已经有女朋友了。"

饶说到这里停住，用目光征询多米。多米并不能完全读懂饶眼睛里的内容，但隐约感到饶的语气里有很深很深的无奈和悲哀。饶的骨子里其实有那么一种忧郁的气质，难道到了饶的年龄依然不能摆脱那些恼人的情绪吗？想到这里，多米便觉着了一丝无望，心里就凉飕飕起来。

六

日子如水而逝。

那几天，多米反反复复做同样的梦。在梦里，她成了一条人鱼，她摆动着鱼尾在蓝莹莹的水里游动，她有着健康的肢体和柔滑的皮肤，水从她的身体上滑过去，凉凉的，好舒服。一群和她一样的人鱼游过来了，她们用鱼的语言交谈，用她们美丽的尾部轻轻相碰……

在肯德基快餐店里，多米一面夸张地嚼着辣鸡翅，一面向饶复述自己古怪的梦。饶舔了舔油腻腻的手，半开玩笑地说：

"我想这是向你暗示成长的信息。"多米马上问为什么，饶说是凭直觉。饶又恢复了往日的潇洒。

"又是直觉。"多米没趣地摊开手。

说好去饶的大学，乘了一个多小时的车才看到那扇巍峨的大学校门。一路走过去，但见小桥流水、英式风格的楼群，满眼翠绿，男女大学生或独行，或三三两两结伴而行。他们是多米眼睛里新鲜的风景。

饶的寝室是木头地板，窗框上贴了一幅字，上书：室雅何须大。空间真的很小，满满当当挤了四张双层床，中间再放上四张写字桌，便没了走路的余地。多米窘在门口，不敢挪步。饶的室友都是热心人，招呼多米坐到她们的床边上，还拿出瓶瓶罐罐给多米泡咖啡喝。她们问这问那，好像比多米大不了多少。

从内蒙古来的高个儿女孩说："看见你就好像回到了过去，真好！"

"说说你们学校里的事吧！"戴眼镜的南京女孩说。

于是，多米就兴致勃勃地聊起了她们的雏鹰小队活动如何如何有趣，电视台还来录了像。她们女生又是怎样发疯般地迷恋俱乐部足球队，大冷天等在集训地门口请他们签字。多米最喜欢 10 号，可叶子喜欢 2 号，她们还为这争执过，两天没说话。还有班上有个男生会电脑编程，连老师都向他请教……

"你们有没有谈恋爱啊？"扎着麻花辫的山东女孩问。

"当然有啦，方容容是班上最漂亮的女生，几乎每个男生都喜欢她，可她只喜欢班长，私下里还说长大了要嫁给他呢。"说到这里，多米闭住嘴，因为她觉得有些不合适，那些大学生是不是也会认为她早熟呢？

大学生们果然唏嘘不已，她们饶有兴味地让多米继续说下去。这时候，门响了，一个瘦瘦的男生大大方方地站在门口，内蒙古女孩一见，就兴高采烈地奔出去。多米却发现饶的神情有些异样，脸色绯红地默默不语。

私下里，饶问多米那个瘦瘦的男生怎么样，一脸的期待。多米在心里感觉那个人太瘦，像麻秆儿，而且也不够英俊倜傥，和电视剧《东京爱情故事》里的男主角相比差多了。多米这么想着，却没有说出口。

"饶，认识你真好。"多米没有正面回答问题，而是看着饶说。

"真的吗？"饶笑起来，仿佛也忘记了刚才自己的问题。

"但愿我长大后会像你那样。"

"会的。"饶摸了摸多米瘦瘦的肩，很真诚地说。

七

似乎一切都在慢慢好起来。

多米常常想起饶说的话：没什么大不了的，生理卫生课和语文课一样，都是普通的知识课程，谁大惊小怪谁就太不成熟了。所以替老师提挂图的时候，多米就在心底用饶的话为自己打气，这样想着，便真的坦然起来。

也许是习以为常的缘故，很少有人对生理卫生一惊一乍了。尤其是上完"青春期"这一章，班里风平浪静，原先爱用一些生理名词开玩笑的男生，时间一长，便讨得个无趣，再也没了兴致。

多米周围有好几个女生也悄悄开始了她们的少女时代。她们仿佛有了共谋的秘密。上体育课之前，她们排着队让医务室的王医生"检查"一下，然后开一张"例假"的请假单。这样，她们就可以免修这一节的体育课。在多米看来，这是一种特权，而她还未能拥有。

罗老师对多米的课代表工作很满意，多次在班会上表扬她。多米还是像往常那样收发作业，为老师捧人体模型，测验常得最高分。一切都变得越来越自然。

多米偷偷地问饶，自己的那个怎么迟迟没有来，都14岁了。

饶说那很正常，女孩子的成熟或早或晚，她还羡慕多米呢。多米听了便放了心。

妈妈费解地对多米说："真弄不懂，饶怎么有兴趣和你这样的小丫头片子交往？"

"我们互相需要！"多米抬高音调说，把妈妈听得一愣。

八

多米想着，日子可以就这么顺顺当当地过去，就像楼下的那株小香樟树，一天天地茁壮。正像饶说的，很多事情都需要一个过程，长大尤其是这样。然而变故却悄悄地发生了，变故的起因恰恰来自饶。

"多米，我要走了。"一天，饶突然出现在多米的学校。她站在校门口，真丝白围巾被风轻轻拂动，像翻飞的白蝴蝶。

"去旅行吗？"多米以为饶在和自己开玩笑。

"去美国读大学，我已经办好了全部手续。"饶的声音听起来涩涩的。

"这么大的事情你为什么不告诉我，还是朋友呢！"多米的眼泪唰唰地掉下来。多米委屈地想，饶仍然只是把她当作一个小孩，不然为什么不漏一点风声呢？

"你听我说，多米。"饶扶住多米的肩，"原先我一点把握都没有，这不是特意告诉你来了吗？"

多米抽泣了一会儿，问："什么时候走？"

"明天。"

这天晚上，多米和饶同睡一张床。多米捧着枕头和被子下楼，表情很庄重。电梯里的人都狐疑地看着她，多米不声不响，到了十楼，又目不斜视地走出去。多米心情沉重，懒得理会别人。

饶的头发散发着淡淡的香味，这是多米这个年纪所没有的。多米凑在饶的枕头边说了许多话。饶说她高中毕业就想出国留学了，那时候，她已经考了托福，但因为种种原因未能成行，现在终于有了机会，她不想放弃。多米问，是不是想逃避什么。多米想了好半天才想出"逃避"这个词。饶沉默了一会儿，在黑暗中多米看见饶亮闪闪的眼睛。"不完全是。"饶舒了一口气。"我一直憧憬能有一片全新的天地让我施展和想象，我喜欢像风一样自由。"饶说。

"能告诉我上回你为什么哭吗？"多米想起饶有一回在弹琴的时候曾经无声地落下泪来。

"不为什么，有时候我会莫名地情绪低落，或许是因为压力，或许是因为别的，连自己也说不清。真的，长大并不是件好事。"饶侧过身，多米能感觉到饶的气息拂在自己脸上。

慢慢地，饶不再说话，背过去睡着了。多米却辗转反侧，耳边反复回响着饶的话："多米，你不知道你现在有多好！你不知道你现在有多好！"多米呢喃着，从后面抱住饶。

第二天，多米没有去机场送饶，生怕亲临离别的场景会更难过。饶走了以后，多米的发梢还留有饶的气息。

九

这一年的夏天很快来了。多米比先前长高了一些，也晒黑了，看上去很健康。

这天傍晚，多米是站在阳台上读饶的来信的。信纸是烟绿色的，装在同色的信封里。这是饶喜欢的颜色，像远方的田野，多米想。饶在信里说，她学习很努力，还结交了不同肤色的朋友，寂寞的时候，就拿出多米的照片。"看你的照片就像呼吸到了清新的空气，就像回到了自己的少女时代。"饶这样在信里写道。她还说，现在她剪了齐耳的短发，穿休闲装，风风火火地走路。

多米合上信纸，视线落到远处的楼群。那里的天空被楼群分割成一小块一小块，没有极目远眺的快感。多米感到了一点点窒息。就在这时候，多米突然感觉有一股潮湿的暖流正在她的体内酝酿，然后顺着她的身体深处缓缓滴下。那股暖流没有停顿，似岩石上融化的泉水，一滴一滴，充满生命的节奏。多米忽然脸红耳热起来，她意识到了那是什么，但她一点都不慌张，就像是等待到了一个熟悉的却从未谋面的朋友。

"它真的来了……"多米想。

夏天的树木正绿荫葱茏。

过街地道

这是一条过街地道，新修的，像一座桥，连接着延安路的两边。

以前，延安路曾经是这个城市最宽阔的马路。后来，它又被拓宽了。两边的房子一夜间变成断垣残壁，在尘土飞扬中，一座气势宏伟的高架桥横空出世般地遮住了延安路上的天空。夜色降临的时候，高架桥的底部便亮起了好看的灯光，蓝幽幽的，神秘而华贵，绵延至无穷的远处。

再后来，这条过街地道开通了。地道修得精致豪华，绛红色的大理石地面，光可鉴人，配衬着欧洲庭院式壁灯。这里不是闹市区，无论白天夜晚，地道里总是行人寥寥。

过街地道的对面是一所重点中学。

天气忽然暴冷起来。

棉棉和妮挽着手从学校里出来，很自然地下了那粉红色地砖铺成的阶梯，拐进了过街地道。这几天，班上的同学都在议论，说是乱穿马路会被警察罚款，最丢人的是，可能会被晾在路边，让你挥着小红旗维持秩序，就像活人展览。班长黎佳还说，有一回，她在红灯时过马路，路中央站着个警察，开始，他熟视无睹，待你走到他跟前，他冲你指指身后，让你退回去重走一遍。黎佳当时脸就涨得通红，在众目睽睽之下重走了一趟。黎佳说，我宁愿罚钱，也不愿这么丢人。

棉棉和妮倒是一直规规矩矩地走路，不是因为别的，只是胆小。尤其是妮，每次过马路，即使紧紧拽住棉棉的手，也还被汽车喇叭吓得大呼小叫的。

一个月前，校门口修了这条地道。妮过马路的时候就放心了。有时，她和棉棉甚至故意在里面磨蹭一会儿，或者干脆站在地道的角落里说一些悄悄话。说不清她们两个为什么这么喜欢走地道，那里固然安静，也很舒适，仿佛远离城市的喧嚣，但那毕竟是不见天日的地方，没有淡泊古朴的自然意蕴，只有照得见人影的砖墙。

放学后，她们又像往常一样，进到了地道里。妮的手里捏着花花绿绿的贺卡，都是同学或笔友寄的。她们喜欢寄信，哪怕天天见面，也要让那些漂亮的贺卡，通过长长的邮路，经过邮差的手，送到她们的信箱里。其中未知的周折充满了浪漫情调和神秘气息。

新年邻近了，棉棉和妮都收到了许多贺卡，不过，妮收到的比棉棉还多一张。她们一边在地道中慢慢地走，一边仔细地翻看手里的贺卡，琢磨上面写的贺词。

刚走几步，棉棉就拿妮取笑。妮的手上是一张俏皮的立体卡通贺卡，有趣的是卡通人的脖子上都装着根很细小的弹簧，一碰就可笑地晃个不停。里面写着几行字：

你的笑是最美的依靠

就算这是一个迷人的圈套

再也管不住自己要往里跳

字是电脑打印的，下面也没有署名。

妮知道那是从范晓萱的歌里照搬过来的，脸还是腾地红了。她抬起头，看见棉棉正意味深长地盯着她。妮的红晕又烧到了脖颈。

棉棉说，老实交代，他是谁？

妮说，不知道，真的不知道。

瞎说，别装傻了。快告诉我，说呀，说呀。

真不知道，真的。

妮急了，就跳起来敲打棉棉的肩膀。棉棉穿得厚厚的，打上去一点都不疼。可棉棉还是往前逃了。一个追，一个逃。清亮的笑声在地道四壁撞来撞去。

刚跑几步，棉棉就打了个趔趄。差点绊倒她的是一个白白圆圆的东西。

那是一只八成新的篮球。

那只篮球躺在角落里，看上去完好无损。棉棉赌气地轻轻踢了它一脚，球朝前滚了滚，被墙壁弹了回来，又在原地寂寞地打转。

走吧，棉棉说。

……妮停在那儿，没有吱声，像在想心事。

走吧，棉棉催道。

你说这球，怎么会在这儿呢？不像被人丢掉的呀。妮像是在喃喃自语。

你发什么傻。棉棉不耐烦了。

等等吧，也许有人会回来拿呢。妮说，这么好的球，要是给别人捡去，多可惜……

棉棉看了一眼妮，像是在看一个陌生人。她知道妮的心思比棉絮还绵软还细密，但还总不至于对一只不知道主人的篮球……

这样吧。妮说。她从书包里抽出一张精致的信笺，用紫色的荧光笔在上面写了一行字——

在此地捡到篮球一只，请主人到模范中学初二（2）班林妮处认领。

妮写完，细心地用双面胶将信笺端端正正地粘到了绛红色的墙砖上，并且轻轻地用手按平。然后，抱起篮球，和棉棉一起走出了地道。

那张信笺有着淡紫色的花纹，看上去，和墙砖的颜色很协调。

棉棉说，妮，你真傻。

延安路北边的一溜房子都是解放初期造的，和边上有着玻璃幕墙的大楼比起来，便显得有些寒酸。它们是延安路拓宽工程的"幸存者"，如今都重新粉刷了外墙。褐色的檐，米黄色的墙，乍看，像欧洲中世纪的建筑。

宣的家在三楼，木楼梯拐角上小小的一间。窗口也是小小的。平日里宣的日子很单调，就像延安路上的车流，天天是相同的喧闹的景致。每天，爸去上班，宣就久久地趴在窗沿上，望

着楼下出神。他看着延安路的高架桥打下第一根桩，又看着过街地道以惊人的速度开工和竣工。他最爱看的，还是窗户底下走着的各式各样的人，尤其是那些上学放学的大大小小的孩子。

宣没有手，从出生起就没有手，左肩那儿的袖管空空荡荡的，右手到手腕那儿，就什么也没有了，好像一截肉做的棒槌。宣不记得母亲的样子，爸不提，宣也不提。宣念完初中，没能考上高中。像他这样的人，职业学校又不收，于是，宣只好在家里磨着。爸早就下岗了，现在给人看门房，二十四小时，每月不过几百元的收入。

其实，宣的"手"像健全人一样有用。他能用"右手"夹着毛笔写字，能洗衣服，还能系鞋带。但这似乎并没有用，宣还是常常望着楼下的车流发愁。说不清为什么。

宣的窗口正对着过街地道。他发现，很少有人从地道里过马路，许多人都偷懒，趁没有警察，老鼠过街似的跑到对面去。哪怕是那些臃肿的老阿姨，跑步的姿势像鹅，摇摇摆摆，面对川流不息的车辆，也毫不惧怕。

到了放学时间，宣的窗下总会喧闹起来，这是宣一天中最生动的时段。宣趴在窗口看，像看电影。走过的学生有的行色匆匆，有的则且说且走，有的手捧着漫画书痴迷地看，直看得脑袋差点到磕电线杆……那一阵，正流行《灌篮高手》，连女生都迷上了打篮球。宣也看《灌篮高手》，一集不落，但那是背着爸的。以前上学的时候，宣只踢过足球，像篮球那种需要手的运动，宣都是回避的。

那天，宣经过地道，见一群十三四岁的男孩在里面踢球。地道很宽敞，加上行人少，当足球场倒还凑合。那群男孩颇有一些喊喊杀杀、冲锋陷阵的样子。可笑的是，他们用来充当足球的，却是一只八成新的篮球。

宣把手臂插在口袋里，歪着脑袋安静地看了一会儿。穿过地道的风将他空空的袖管吹得旗帜一般猎猎抖动。

一定是他脸上似笑非笑不屑的表情惹恼了那些"队员"。初中的时候，宣是出色的中锋，是足球场上的骏马。只有和足球为伍，宣才真正觉得自己和别人没什么两样。好久没踢球了。他看着篮球在这些男孩的脚尖幼稚地挪来挪去，他们的球技在他眼里就像小孩子的把戏。

后来，男孩中的一个高个子站了出来。他冲宣挥了挥拳头：笑什么？有什么好笑的！

宣收了笑，说，我也想踢。

"高个子"朝他空荡荡的袖管瞅了一眼：你，行吗？

打个赌吧，假如我一脚射进门，篮球就归我。宣的嘴角挂着一丝狡黠的笑。他太想要那只篮球了。他想起模范中学里宽阔的篮球场，他可以在学生放学后去那里偷偷地练。他想象把篮球夹在怀里的感觉，光滑的、冰凉的，他相信他右手手腕那儿的触觉并不会比别人的手指差。

赌吧，赌吧！旁边的男孩起哄道。

"高个子"晃了下长长的头发，一只手提溜起脚下的篮球，篮球在他右手的食指尖上优美地转了几个圈。这个动作像是在向宣示威，又仿佛带有轻微的侮辱。球滚到了宣的脚边。

一个瘦小的男孩在地道的入口处叉开双腿，在他的两腿间形成一个"球门"。

宣深深地吸了口气，退后几步。

然后飞起一脚。球在空中划过一道白色的弧线，直射"球门"。就在球穿裆而过的一刹那，瘦小的男孩"哎哟"一声跌坐在地上。

宣冲"高个子"仰起头。

"高个子"耸了耸肩，做出无可奈何的样子。他指了指还在角落里打转的篮球，对宣说，归你了。

宣弯下身去，蹲在地上。就在他吃力地用没有手掌的"右手"把球挪到膝盖上，试着站起来的时候，一只脚猝不及防地将球从宣的身上踢了出去……

哇喔——宣的身后掀起一阵哄笑。

球被墙壁弹了回来，撞在宣的身上。但宣没有再去捡它。从小，宣就从潜意识里回避任何暴露缺陷的行为，说是自卑也好，敏感也好。宣明白，自己和别的孩子是有那么多的不一样。

男孩们没有再去搭理宣，他们玩了一场闹剧，现在兴味索然。他们一哄而散。撂下的那只篮球，寂寞地躺在地道的角落。它本来就是捡来的，丢了也无妨。

宣默默地站了一会儿，也没有去捡那只被丢弃的篮球，尽管他仍然很想要。

有一两个行人从地道里走过，他们看了一眼宣，也看见了那只篮球。他们没有注意到宣空荡荡的袖管以及那只肉棒槌一样的"右手"。

宣又站了一会儿，终于没有鼓起勇气去捡那只篮球，捡拾它的艰难会让他回想起刚才的耻辱。况且，若是爸知道了篮球的由来，也会……

宣离开地道，走上了地面，灼亮的阳光几乎晃了他的眼。他回了小屋，心里还牵挂着那只没有主人的篮球。

傍晚的时候，电视里又在放《灌篮高手》，流川枫真的好神气啊！

第二天上学，妮和棉棉挽着手经过地道。

那张招领启事还在，只是不知被谁撕去了一个小小的角。荧光笔的颜色依然很鲜艳。

傻妮，棉棉说，没人会来领的，趁早把启事撕了吧。

妮不说话。妮总没埋由地觉着那只篮球应该是有主人的。

棉棉还缠着妮交代那张贺卡的事。妮很冤枉，她真的不知道那个抄范晓萱歌词的人是谁。

这两天，班里因为贺卡爆出了好多新闻。据说，教物理的边老师的信箱差点被贺卡撑破。边老师刚刚大学毕业，帅得像日本影视明星竹野内丰。开学第一天，边老师来上课，三分之二的女生喜欢得一惊一乍的。她们像追星一样地搜集有关边老师的资料，远至祖籍，近至是否有现任女友。自从他任这个班的物理老师以来，同学们学习物理的兴趣空前高涨，尤其是女生。原先枯燥无味的力学公式、牛顿定理忽然间变得乐趣无穷起来。

但是最近，大家普遍感到很失落。传出内部消息，说边老师来这所中学只是过渡的，他已经向学校递交了辞职报告，应聘到一家外企了。这可能也是边老师的信箱里贺卡泛滥的原因之一。

你给边老师送贺卡了吗？棉棉推推妮。还没等妮回答，棉棉就有些懊悔，便把话题扯到了别的地方。

边老师的信箱里自然有一份棉棉的祝福。不过，女孩子嘛，哪怕再亲密无间，都会有意无意小心翼翼地维持一层什么东西。尽管不挑破，但彼此之间心知肚明。

两个女孩牵着手，沿着地道的楼梯走上地面。妮还是回头望了一眼那张淡雅的启事，四周车水马龙的喧嚣一下子浮了上来。

　　她们一点都没有注意到路边的窗口里，有一双深深的有点忧郁的眼睛。

　　从昨天晚上开始，宣就牵挂着那只篮球。不知道它会被谁捡去，或者永远地待在地道里，被风吹，被灰尘舔蚀，然后一点一点老化、裂缝。

　　宣闭着眼睛，想象自己在夕阳下的篮球场上，潇洒地运球、上篮、投篮……他只有肉棒槌一样的"右手"，他不知道自己"一边倒"的身体能不能在运动的时候保持平衡。尽管如此，篮球对他来说，仍旧充满诱惑力。

　　宣按捺不住了。

　　第二天一大早，宣就冲下楼去。不再顾及昨天的耻辱，也不再顾念爸的责备，他要拥有那只篮球，马上！

　　过街地道里氤氲着淡淡的雾气，凉丝丝的。城市刚刚醒过来，从夜的沉寂和萧条里面缓缓地醒过来。

　　宣没有找到那只篮球，只看到了那张淡紫色的信笺，上面的字娟秀小巧，是女孩子的字迹。不知怎的，宣的心里就有些暖。他在淡紫色的信笺前面磨蹭了一会儿，仍是拿不定主意，不知道该不该去找那个叫林妮的女孩子。

宣转过身，一边往回跑，一边还回头看，那张淡淡的信笺在绛红色的墙砖映衬下，仿佛一朵朝露中的清雅百合。

宣离开不到一个小时，妮和棉棉就走进了地道。

宣终于没有去要那只篮球。长这么大，他还没有主动和女孩说过话。他无法想象自己能有勇气在一个陌生的女孩面前，用没有手掌的独臂去接过它。然后，再说上一句感谢的话。倘若女孩再追问怎么把球弄丢的，他怎么说……

妮又等了一天，始终没有失主来找她。于是，她也怀疑，这也许真的是一只没有主人的篮球。于是，棉棉又有了笑话妮的话柄。

放学了，妮和棉棉夹在人流中，出了学校，像往常一样，穿过过街地道走到延安路的对面去。妮的手里抱着那只篮球，她打算把它带回家，给邻居的小孩玩，毕竟这是一只真正的篮球啊！

两个女孩出了地道，走到了宣的房子下面。妮手里的篮球很显眼，走过来的人都要朝她不经意地望一眼。

这时候，宣正趴在窗台上出神。

于是，那只白色的篮球就突兀地出现在宣的视线里；于是，宣就看见了抱着球的清秀的妮。

妮和棉棉小声地说着话，在宣的窗下缓步而行。宣在窗口看着，脸竟腾地红了。他能清楚地看见妮细软的头发被昏黄的阳光照着，泛出黑珍珠般的光泽，妮的眼睛似乎被光线炫了眼，迷迷蒙蒙地微眯着。

宣猜，那个女孩就是林妮吧。他不知道边上的女孩是谁。妮和棉棉慢慢地走远，渐渐消失在路口。

宣看着那幅清纯的风景一点一点淡去，心里悄然生出了一分不舍，一分安慰。

没有去讨还那只篮球，宣一点都不后悔，真的，一点都不。

出逃

一

这个时候，米籽是站在舞台的最后面的。在合唱队里，这个位置最不显眼也最隐秘。米籽眼皮底下的那些黑发被简陋的舞台灯光照得油亮而且炫目，那些脑袋随着节奏摆动着，像一群排着横队的小鸭子。米籽感到有些好笑。

班主任萧在观众席上神情紧张地盯着他们。为了在这次全校的文艺汇演中得奖，萧已经放弃了几十个和独生女儿团聚的夜晚，她的神经像悬在钢丝上的小人儿，为她的班级能出奇制胜殚精竭虑。米籽觉得萧也很可笑。

而此刻，米籽就像个局外人那样站着，嗓子那儿痒痒的。她听见四周环绕的旋律竟是那样的刻意和矫情，那些音符犹疑着从正发育着的嗓子里挤出来，带着一丝丝的惊吓和羞怯。他们这样唱着，不是为了自己，而是为了班主任萧，为了那种让米籽瞧不起的东西。米籽就是在此刻冒出恶作剧的念头的。那个念头像个出其不意的魔鬼，潜入米籽的心里，然后它就膨胀开来，甚至等不及米籽思考，一个怪而尖的跑调的声音便从舞台的最后猝不及防地游出来。那声音像有什么东西在玻璃上划擦那样刺耳和惊心，又如裂帛那样令空气颤抖。台下的观众顿时神色大变，萧老师甚至差点昏倒。

初三（1）班的合唱泡汤了，这一点已不言自明。

其实，米籽在发出怪声的那一刻已经后悔了。她不明白，为什么这一阵自己的行为总是不能配合大脑，它们像两个不相干的，甚至怀有敌意的小人儿，常常打架。

汇演结束时，米籽逃也似的第一个溜出礼堂。她感觉后背正吸附着萧老师气急败坏的目光，那目光追着她，恨不得撕碎她的衣服。

米籽逃，必须逃得远远的。

她的同学们涌了出来，米籽能感觉到背后那些幸灾乐祸的指指戳戳。他们议论着刚才那出其不意的一幕，甚至带了无法掩饰的快感和满足。米籽明白，从初一到现在，她从来都不被认为是个好女孩，她被隔离于一个正常的圈子之外，做着充满了叛逆的梦。但是米籽悠然自得，尽管有时会有那么一丝失落。

这个地方不是属于她的，米籽觉得。米籽想起自家屋后的那个自制的秋千。两年前，她央求爸用做木工余下的木板，在两头拴上两根粗麻绳悬在大槐树上，这便是秋千了。米籽踩上木板，弓着身子，试图让秋千荡起来，却怎么样也荡不高。米籽有些恼，觉得这脚下的秋千就像她圆不了的梦，活像一只粗笨的鸟。

米籽并不明了自己究竟想要什么，她只感觉自己的心自己的身体都和这个闭塞的墨守成规的地方格格不入。米籽看见，在酗酒的爸爸通红的眼睛里，在妈妈逆来顺受的疲惫的叹息里，他们的生命正在一点一点地耗尽。想到这个，米籽就忍不住想哭。

米籽逃进了家门。是的，她闯了祸，萧老师饶不了她的。

爸红着脸坐在桌边，桌上的酒瓶空了，空气里散逸着劣质酒刺鼻的酒精味儿。妈窝在墙角哭，她的腿边是一只被摔歪的破凳子。米籽听来，妈的哭声就像丧钟，让空气中沮丧和绝望的成分迅速发酵和稠厚。米籽没有像往常那样去安慰妈，而是摔门进了自己的屋子，门把妈的哭声撞了回去。

我的命怎么这么苦哟——妈拖长了声调哭。

米籽烦，烦得很。明天，萧老师一定会找她。说心里话，米籽完全能想象自己的行为给萧老师造成的伤害，可是，她不会涎着脸说自己如何如何后悔。那样做的话就不是她米籽了。

妈还在哭，接着，又听见玻璃的脆响——爸将酒瓶砸在了墙上。

米籽的心猛地一颤。出走吧？米籽被突然冒出来的念头吓了一跳，但那萌芽的念头并没有给吓回去，反倒不可遏止地疯长起来。

走吧！走吧！出走是需要勇气的，米籽的勇气其实早就开始酝酿了。现在，她终于等到了合适的契机。

不知怎的就来了动力，而且它是那样强烈和不可阻挡。米籽从床上翻身跃起，找出纸和笔。米籽在纸上写道：

爸爸、妈妈：

我决定离开这个地方，没有人可以阻止我，我想去寻找一种我喜欢的生活。你们还在争吵，我不想打扰你们，但我真的好希望你们别再吵了。

我在学校闯了点祸，别担心，不是大的过错。相信我，我不是坏女孩。

在外面，我会照顾好自己。必要的时候，我会与你们联系的。

信短得不能再短。写完最后一个字，米籽才恍悟，这回，她确实是当真了。她要走出这个家——这个让人窒息的地方。

这天晚上，米籽若无其事地和父母、哥哥一起吃晚饭。她对自己的打算只字未提。

吃完饭，妈说，米籽早点睡吧。她已经不哭了，麻木的生活让妈随时都能忘记伤心。

米籽应了一声就关上了门。

这一夜特别漫长。

昏暗的白炽灯光下，米籽对照着备忘录收拾该带走的行李，她的心情异乎寻常地冷静。除了带上日常生活用品外，她还往包里塞进了一本三毛的《撒哈拉的故事》。三毛是米籽的偶像，她向往三毛闲云野鹤般的生活和她奔放的个性。米籽还带上了她的小学毕业证书——这是她唯一的文凭，以及还未上交的150元学费。这就是米籽出走的全部家当了。

夜半，米籽被体内蛰伏的某种东西蓦然惊醒。爸和哥此起彼伏的鼾声穿墙而过，静夜里仿佛潜藏着无数不安分的闪烁的眼睛。米籽在温暖的被窝里打着寒战，心里一边为未知的明天激动，一边却又嘲笑着自己孩子气的激动。

五更天时，米籽再一次惊醒。她摸索着起床，背上了她的牛仔包。在她小心地将诀别信从父母的门缝里塞进去的时候，她的心紧张得几乎碎裂。

米籽掩上门，以百米冲刺的速度逃到了空无一人的街上。星星还睡着，街道还睡着，这地方的人还睡着。他们醒着的时候和睡着也无甚大的差别，米籽被自己的想法激动了一下。现在，她就要走了。就在走的一刻，米籽心里却有点起毛，因为此刻的心情与她原先想象的有一点不同。她原以为憧憬了三年的流浪生涯一旦迈步便将如"壮士一去不复返"般慷慨，可真的将梦想兑换成现实的最后关头，却发现自己仍在做种种挣扎。

米籽将头往后仰起，她的头发触到了自己的背脊，痒痒的。她轻轻地笑了一下。少女常常是这么笑的吧，纯得像阳光下闪耀的玻璃。米籽笑自己的犹豫，她有力地迈步，想把所有的怯懦抛在脑后。

一辆三轮车从雾色里驶过来，米籽果断地冲车夫招招手。她轻松地跳了上去，用好听的声音对他说，去火车站。

二

出逃是没有目标的，唯有离开才是真正的内容。米籽懵懵懂懂地随着候车的人上了开往省城的列车。几乎所有人的目光都在她身上逗留一会儿，夹杂着怀疑和猜测。米籽在上车的最后一刻，回头望了望昏暗中的车站，心底模糊地滑过一个声音：就这样走了吗？外面的世界你知道多少？而你的能力又有多大？

这声音有些陌生，颤颤地响起，即刻又随风飘散。

车动了起来，窗外的景色逐渐明朗。米籽却闭上眼睛，耳边响起那首忘了歌名的歌词：别找我，在寻人启事中，我已经迷失了自我……

三

一个大学生模样的女孩一直盯着她看，看了十分钟后她终于忍不住问米籽怎么会一个人坐火车。

米籽犹豫了一下，马上说家里穷，母亲又病了，她必须去省城找份工作赚钱养家。米籽话到嘴边就有些后悔。在开口说话的一刹那，米籽并不想胡扯，没想到说出来竟成了谎话。她原来设想会在大学生那里找到共鸣，大学生会同情她，毫不犹豫地支持她。

大学生同情地望着她，很善良地说，到省城她可以为米籽提供帮助。至少，她可以带她去职业介绍所。在这个穷地方，常有人出外打工，见怪不怪。

一路上，米籽和大学生聊得很投机，她暂时忘了出走带来的种种忐忑和焦灼。大学生穿着件格子外套，棉制的，胸前的纽扣敞开着，露出里面黑色的毛衣。米籽喜欢那份随意和自然，她看了看自己身上大红色的尼龙棉衣，不好意思地笑笑。

快近中午的时候，列车到站了。米籽跟着大学生出了站，坐上了一辆中巴。大学生热情地替她买了票，下车后领着她七拐八弯地找到了一家职业介绍所。她在那里为米籽求得了一份糖果厂的工作，不管怎样，这份工作比当保姆强得多，说是马上就可去上班。

待一切停当下来，大学生才拍拍米籽的肩，说该走了。

米籽感激地冲她笑笑，目送她的身影消失在视线里。等缓过神来，米籽才想起忘了问大学生的名字了。这时候，"萍水相逢"四个字不知怎的就凸现出来。米籽咬了咬牙，对自己说，留下来吧，就在这陌生的城市，反正自己也一无所有。

四

就这样去了那家食品厂。出走的当初，米籽未曾想到会是这样的情景。食品厂坐落在郊区一条僻静巷子的尽头，一溜简易平房映衬着苍茫的天，这就算是厂房了。对面就是职工宿舍，一样的平房，只是更显寒碜，没安玻璃的窗户上遮以破麻袋挡风，屋子中央摆着十多张双层床，地上遍布斑驳的水泥和石灰，空间里壅塞着潮湿抹布和烟熏气混杂的味道。

老板娘是个干瘦的南方女人，说着米籽不太懂的方言。她伸手要走了米籽的小学毕业证和30元钱做抵押。她对米籽说话的时候，脸挨得很近，那张脸就在米籽眼里变了形，好像铜汤勺反面照出来的脸，两头小中间大，古怪得可笑。

米籽憋着气息听她说完了话，就跟着老板娘走进了厂房，边走边提醒自己别被吓倒，一切刚开头，她可不是出来享福的。

原来所谓的食品厂不过是间制糖的半手工半机械作坊而已，干活的工人大半是和米籽差不多大的女孩，最小的甚至挂着两行清涕。她们默然地低头干活，仿佛并不知晓米籽的加入。

米籽开始在身边阿婶的帮助下学习用那些花花绿绿的玻璃纸包糖果。阿婶说，这儿的工钱是论斤计的，糖果包完后过秤，每斤 7 分钱。包得最快的是坐在米籽对面的 13 岁女孩小美，她每月可赚一千多块。米籽抬眼看了看小美，她细小的手上如彩蝶翻飞，那简直不是人的手，就像被编好了程序的机器人的手。

米籽内心正被一种莫名的新鲜感和跃跃欲试的勇气包裹着，她暗暗给自己定下目标——尽快在速度上超过小美。

时间拖沓着向前。重复着同一个动作，米籽的手指几近僵硬。收工的时候已经是夜里十点半了。

她和大家打着呵欠走回宿舍。宿舍里黑暗着，没有灯，借着月光可以隐约照见那些疲惫的但很青春的脸，那些脸睡意倦怠，像一张被水洇过的宣纸。不知怎的，就亮了灯，原来刚才是停电了，但依然是幽暗的，照得人影影幢幢。大家已没有闲心聊天，有的干脆洗都不洗就倒在床上，不一会儿就发出了沉重的鼻息声。

米籽找到了自己的上铺，爬上去，床架凉得像块冰。幸好盖的还是棉被，底下垫的却是厚纸板。把身体缩进冰窟窿似的被子，米籽觉着自己的脚也成了冰坨。

灯熄了。风从窗缝里漏进来，唱着古怪而诡异的调子。米籽累极困极，睡意一阵一阵地压上来，她又拼了命地将它推回去。不能就这样睡着啊，米籽知道还有那么多沉甸甸的心事醒着，等着她去想。它们吵嚷着，不让她就此睡去。她担心着那个逃离的家是否正因她而乱作一团，还有她的那个学校，她的出走会是一个颇具冲击力的爆炸新闻。不知怎的就听见了妈拖长了音的哭声，那声音仿佛离得很近，还伸出一只无形的手来紧拽米籽的心……

五

好像是只睡了一会儿，米籽就被监工的哨子声惊醒了。天还蒙蒙亮，一看表，五点都不到。大家都不作声，静静地穿衣起床，就像一些拧好了发条定了时的玩偶。现在，米籽也成了这样的玩偶。

米籽跟着小美去厂房后边的小河洗漱。她问小美上过学没有。

小美说上到小学毕业就来这里上班了。

还想去学校吗？

小美摇头。

在这里干很苦的，你怎么会来的，是你家
里人让你来的？

不，我自己要来的。

小美侧脸看了米籽一眼，疑惑的样子。看完，就不问了。

河水冷得刺骨，风刮在脸上更是冰冽的。米籽撩起一捧水来洗脸，浑身一激灵。河上映着泛出鱼肚白的天空，还有附近工厂烟囱和厂房的倒影。这陌生的一切忽然让米籽意识到，此刻她面临的是一种完全不同的突兀的生活，不同于她在家的每一天，不同于她原先的想象。

而这一切真切得近乎残酷。

她们又坐回到那张沾满糖浆的黏糊的长桌旁继续工作，隔壁车间里响起了制糖机器的轰鸣声。大约过了七点半，监工才来叫大家去吃早饭。

早饭是粥和白馒头。米籽的胃口很好，吃着吃着，脑中依稀晃过外国电影里一群孤儿在修道院里进食的场景：幽白的灯光、光秃的长木桌……这一切是如此相似，充满了暧昧冷峻的气氛。

这一天，米籽的干劲儿挺大，她告诫自己必须尽快接受熟悉这种生活。我出来是为了什么，米籽答不清楚。但是哪怕目的不明，出走本身对米籽就充满了令她战栗的诱惑。

一天下来，米籽包了 70 多斤糖果。这个时候，米籽已经将出门前的浪漫想法置之脑后。她边重复着机械动作边盘算着先在这个简陋的地方赚够钱，然后再另做打算。

既来之，则安之。我不会白出走这一回的。米籽对自己说。

六

这天傍晚，老板娘又领来了一个女孩，叫和平。和平是安徽人，是正儿八经地从家乡跑出来打工的。和平就坐在米籽边上包糖果。

和平有着一张过于丰润的脸，皮肤薄得像糯米纸。她胖胖的笨拙的手在米籽眼前一晃一晃。监工把堆成小山的糖果推到和平面前，米籽看见和平的胖手哆嗦了一下。也许因为都是初来乍到，米籽对和平有一份天然的亲近，她主动和和平搭话：

没事，我是昨天才来的。刚开始手也笨，这不今天就好多了。对了，你多大了？

十五了。

和平别扭地给手上的一粒糖果穿上衣
服，过了两秒钟才回答她。

那我们一样大。米籽说。

你干吗出来打工？和平好奇地盯了米籽一眼。

我是逃出来的。

瞎说。和平看也没看她，明摆着不信。

收了工，米籽熟门熟路地带和平回宿舍。和平一进屋就傻眼了，嘴上虽不说，表情却是充满了抱怨。一直到上床睡觉，和平都一语不发。说实话，米籽有些看不起和平，既然是出来打工的，就得吃得起苦。可是虽这么想，和平的眼泪多少还是影响了米籽。和平说，在这种破地方，什么时候能熬出头啊。

米籽不作声。她想，我出来可不是为了流泪的。她躺在床上数着天花板上的洞眼，听着隐约传来的和平克制的呜咽声，米籽竟感到一种莫名的振作——当一个无助的人看到有人比她更无助时，她的心里多少会有些安慰吧。

什么时候能熬出头呢？和平嗫嚅道，又像是在梦呓。那句话又针锥似的扎了一下米籽的希望，她忽地从昂扬的斗志的顶峰跌落下来，心也空落了一般。

是的，在这个年龄，米籽连自己都不知道自己是怎么回事。

七

元宵节的晚上，厂里破例放了假。这是米籽出走的第 4 天。

米籽、和平，还有小美结伴去街上玩。从那条又窄又长的巷子里走出来，是一个露天剧场，好些人围在那里看电影。放的是台湾片子《妈妈再爱我一次》。

这部片子米籽看过一遍了。那一次是学校包场，在一个简陋的电影院里看的。电影挺感人，有几次，米籽的鼻子一阵阵地发酸。就在她即将流下泪的时候，她听见了四周此起彼伏的抽泣声，有一个声音突兀着，甚至到了悲痛欲绝的地步。米籽就把自己的眼泪收了回去，心想至于这样吗。她甚至觉得那些哭泣的人有些可笑。这么想着，她的嘴角就挂着一丝笑，甚至要笑出声来了。

而这一次，米籽是和她打工的姐妹一起在街头驻足观望。她们刚刚唱了几首流行歌曲，唱得嗓子痒痒的，唱得情绪激动。现在，她们不约而同地停下来，被那部苦情的电影吸引了。

米籽静静地站在那里，这一次，她竟被剧情抛至了伤感的谷底。她终于放纵了自己的脆弱，抛弃了难为情，抛弃了虚幻的好强，她躲开和平和小美，在人群的一角流下了伤心的泪。长这么大，这是她第一次泣不成声，像一个无助的婴儿。

影片中唱：没妈的孩子像根草。米籽在心里唱：流浪的孩子像根草。难道是我错了？可是米籽无法让自己认错。因为她缺少一个回头的理由，没有一个可以让她下的台阶。

电影散场了，三个人默默地往回走。米籽看见她们两个的眼里也含着盈盈的泪光。米籽记起，书里说，女孩的心里是储满了水的，一旦心受伤了，就会流下那珍珠般的泪。这样的泪水很珍贵，可是这些泪为谁而流？为自己吗？很多事情是自己一手造就的啊。

在月色里，听见小美喃喃道，我真想回去上学。

米籽心一紧。光秃的树的枝干从头顶伸过来，把圆月割成了数瓣，透着夜的凄凉。米籽的眼前浮起了家里那盏温暖的灯；她看见白瓷碗里漂浮着的白白嫩嫩的元宵；妈妈又往米籽的碗里添了几个；爸抿了口白酒，脸上是满足的表情；这时候，门外爆竹声声，开门出去，便见一地碎红……这是去年的元宵节。

八

不出两天，厂里就发生了一件事，这件事对姐妹们的触动不小。

从前一天晚上开始，小美就没了踪影，直到翌日早上还没有出现。据说，小美向老板娘辞了工，说是要回家念书去，不干了。

一整天，大家都在议论小美的事。有说可惜的，也有说就该这样，哪能这么小就出来做工？米籽听着大家七嘴八舌，没吱声，心里却不平静。

这夜，米籽辗转反侧，想着小美的事，总觉得这事和自己切身相关。

第二天一大早，小美又出现了，她被父母送了回来。路过食堂的时候，米籽听见小美的父母大声对老板娘说，读书，读书有什么用，一个大学生赚的钱还不如咱家小美多呢！

开工的时候，小美在米籽对面坐着，依旧是手脚利索，可她的小脸惨白着，一天无话。米籽同情地望着她，不禁想到自己。我何尝没有藐视过文凭藐视过读书呢？小美是想读书却受迫于父母而不能，我是能读书却可笑地做着反叛的梦，宁愿逃离父母逃离学校在外无谓地流浪……

米籽笑自己是天下第一号大傻瓜。晚上，她在入睡前趴在枕头上给家里写信。她觉得自己正浮在那些此起彼伏的气息上，那是一些与她同龄却远没有她幸运的女孩。她们已经沉入梦乡，她们的明天会和今晚一样苍白。米籽写着信，一如出走前写诀别信那样冷静。一直不肯低头认错的她没有在信里说半个"悔"字，她只是像个远行的孩子那样报着平安。不过，她没忘了在信封上留下这儿的详细地址。

九

将信投入邮筒的那一刻起，米籽就有了期盼。她隐瞒了她的期盼，一旦她说出来，就意味着选择了投降，这便不是米籽了。

但从这天起，米籽就有了意气风发的样子。米籽在期待什么，她也说不清，或者说，她是不愿说清的。

那天早晨，米籽起床后像往常那样去河边洗漱，河水带了春天的气息，已不是彻骨的冰凉。她将脸埋在毛巾里，嗅到了青草的清香。一抬头，便看见晨光中的河边那张灿烂的笑容——哥哥就在她的身后微笑着望着她——这是她十天里第一次见到那么灿烂的笑脸。

几乎是什么话也没有说，米籽回屋收拾了东西就跟着哥哥往外走，走出老远，听见和平在门口叫：米籽，你的饭盒！

米籽回头，很欢快地朝她喊：不要了！这时候，米籽已经忘了她做抵押的小学毕业证，忘了押金，忘了该得的工钱，也忘了前几天结识的小美和和平，搂着哥哥的衣袖走出了那家糖果厂，连头都没回一下。她还怕什么呢？现在，她不怕父母的责骂，不怕萧老师，不怕……有时候自己才是可怕的，米籽想。

这一天，恰好是米籽的 16 岁生日，是她在外流浪的第10 天。

十

你也许想知道米籽以后的故事，其实，那段流浪经历是米籽后来告诉我的。米籽对我说她的故事的时候，已经是个行将毕业的大学生了。那天晚上，我们围炉吃着火锅，就聊起了这个话题。米籽是从北京来的，她打算将来在上海工作，她对这个现代化的都市满怀憧憬，于是毛遂自荐地来我们杂志社实习。我是她的老师，我们相处得像姐妹。

记得那晚，米籽还意味深长地说了一句话：很佩服自己又读了那么多年的书。我说，少年时，我们无论做过什么，那都是值得珍藏的记忆，回首过往，你还能相信自己还是当年那个出逃过的少女吗？

那夜的炉火很旺，我和米籽都觉得很温暖。

七年

一

"罗纳德要来了！"

老爸说这话时，我正在看《到灯塔去》。最近，我迷上了伍尔芙。这个聪明绝顶的女人系出名门，才华横溢。她在书香浸染中成长，在挚爱她的亲朋中生活，可上帝偏偏把可怕的精神疾病抛给她，纠缠了她的一生。疾病发作时，她无法自控；疾病休止时，她又痛不欲生。最后，她终于投河而去。对她的意识流之类的玩意儿，我似懂非懂。意识流对我来说不重要，重要的是伍尔芙癫狂却优美的一生。我着迷于一切非凡的东西，不管是人还是书。我特别想弄明白，一个精神病人是怎样奇迹般地组织她的思想和文字的。

正琢磨着，"罗纳德要来了！"老爸又重复一遍。我从椅子上跳起来："真的吗？"我暂时把伍尔芙抛在了一边。罗纳德对我来说是一个遥远又亲切的名字。虽然我们有很多年不见，但始终保持着密切的联系，就好像是生活中常常出现的一个人，从来不曾离开过。而事实是，罗纳德生活在遥远的比利时的一个叫奥斯坦德的海滨小城，我有 7 年没见他了。

7 年，是爸妈掰着指头算出来的。7 年前，我 8 岁，罗纳德第一次来中国。

罗纳德是欧洲漫画家联盟的主席，我老爸的漫画曾经得过国际漫画大赛的银奖，他们相识在美丽的布鲁塞尔。后来，我那生性浪漫的老爸带着他蹩脚的英语独自游历欧洲，在罗纳德家里做过客。据老爸说，罗纳德对中国有着莫名的好感。他由衷地喜爱罗纳德，说罗纳德是他见过的最朴实真诚的人。7 年前，老爸和子墨叔叔邀请罗纳德来中国。子墨叔叔也是罗纳德的朋友，一个从长相到性格都比我爸更幽默的漫画家。他们俩慷慨地负担了罗纳德在中国的所有费用，自己的英语却捉襟见肘。于是，刚学了两年英语的才 8 岁的我，被拽来硬生生地做了罗纳德的随行翻译。

短短 7 天，我和罗纳德的友谊突飞猛进。罗纳德对我的感情明显超过了对老爸和子墨叔叔的兄弟情谊。临走时，他还为我掉了眼泪。我因为参加学校的夏令营，提前和罗纳德告别。这个慈祥的大胡子男人绝望而哀怨地望着我，喃喃着"why why

（为什么）"，眼泪扑簌簌地顺着花白的胡子滚下来。

我铭心刻骨地记着那幕场景，从来没有一个大人因为我而掉下惜别的泪。尽管我那时只有 8 岁，但已经能体会属于大人的沉重情感。也许，我从来就是个早熟的小孩儿。

从那以后，我不断地收到来自遥远的奥斯坦德的种种信息，从邮包到信件，让班上的同学羡慕不已。罗纳德给我寄来他在医院里动手术后的照片，他漂亮的女儿芬尼和莎莉的合影，他在各地游历的留影，以及手表、毛巾乃至好闻又好看的香皂。他在每封信末尾的自画像上点上两滴红色的眼泪，旁边认真地写道"Miss you, Qingqing.（想念你，青青。）"青青是我的小名。这种伤感的情绪长时间地浸染我。我总是在既快乐又忧伤的矛盾心绪中拆开那个贴满了比利时邮票的信封，然后在既快乐又忧伤的心绪中给罗纳德回信。尽管这么多年没见他，但这个名字对我们全家来说，一点都不生疏。

这一晚，老爸和老妈显得尤其兴奋。并不是因为罗纳德的即将到来，而是因为罗纳德即将到来的消息唤起了他们关于我的种种记忆。我相信，人老了就容易怀旧。冲这点，我就原谅了爸妈日益频繁的唠叨。

"你那时，又乖又懂事。"老妈的眼睛灼灼闪光，满脸神往地捡拾我童年的桩桩逸事。是的，这些事我曾经无数遍地听他们提起。比如，在 10 岁以前，我每天回到家来不厌其烦地向大人描述学校里每一分钟发生的事；8岁时，主动把平时存的压岁钱拿出来"资助"家里买了一台菲力普彩电；6岁时，尝试着煮了平生第一锅稀饭；4岁时，在路边捡到一只摔碎的手表交给了"警察叔叔"……最令他们自豪的是我居然成功地当了罗纳德的翻译。那件事惊得妈妈的同事瞠目结舌，纷纷痛心疾首没能生个像我这样的天才女儿。

只要说到我小时候的事，老妈就神采翩然，恨不得把我塞回她的肚子里去。而现在的我，只有让他们唉声叹气的份儿。老妈抱怨我跟他们不再亲近，脑子里尽想些他们看不懂的念头。他们把这些"看不懂"归罪于我看的那些乱糟糟的书，以及没完没了地上网。上个月，老妈没收了我的电脑，那是因为我未经许可剪了个比男孩还短的头，并且在左耳垂上打了个洞。那一晚，老妈把我的电脑五花大绑，塞进了储藏室。我坐在一边捂着塞了根茶叶梗的左耳垂，表现得很平静，既不吵也不闹。这让老妈很受挫。她不知道怎样才能真的触动我，令我"痛改前非"。

其实，我把所有的郁闷埋在心底，每天对着日记倾诉。每篇日记都是一封信，拉拉杂杂地写我那些稍纵即逝的古怪念头。我想象自己是在给某个亲近的人写信，但并不清楚他是谁，因为这些信从来不寄出去。我不知道，改变的是我还是身边的人。难道长大真的已经让我面目全非？

好吧，让这个晚上尽早地安静下来吧。罗纳德要来了。

二

其实，我已经忘记了那个 8 岁的我是什么样子的。

拿出 7 年前的照片来看，一个穿红 T 恤的胖胖的小姑娘被大胡子欧洲人搂着肩，靠在一溜自行车边上，笑得正憨，可眼睛却是闭上的。

但我却清楚地记得和罗纳德相处的日子。

我们去周庄。罗纳德指着人家门口晾晒的木马桶，问是做什么用的。狡猾的子墨叔叔冲我挤挤眼，回答说，是装米的器具。于是，我嬉笑着笨拙地翻译给他。罗纳德显出惊讶的样子，抚摩着盖子上的花纹说，装米的东西也这么漂亮。然后拉着我同马桶一起合影。真倒霉，我想，如果我告诉他，这是上厕所用的，不知道他会赞叹到哪里去。

后来，罗纳德果真吃了马桶的亏。

我们去杭州，天知道老爸他们怎么找到那个破旅馆的。那是我第一次住旅店，记忆却一点都不美好。那会儿，好像不像现在有那么多漂亮的宾馆，要找个干净并且价格适中的旅馆并不是件容易的事。我忘了那个旅馆的名字，却记得那里所有的墙面都像学校那样被涂了半截绿漆。老爸特意给罗纳德安排了一个单间，可一时疏忽忘了审查卫生间。该吃晚饭了，罗纳德在房间里半天不出来。老爸去他门口张望，一直没动静。隔了好久，才见罗纳德一脸苦相地推开了门，一只手捂着屁股。

他朝我大幅度动作，比画了半天。我那点蹩脚的英语应付不过来，半天没弄明白。子墨叔叔走进去，出来的时候表情很奇怪，不知道是想笑还是想保持严肃。原来，卫生间里的马桶圈是裂成两半的，没准刚才罗纳德是给马桶圈"咬"住了。

我忍不住大笑。罗纳德伸伸舌头说，一只调皮的马桶。

在西湖边，我们去逛庙会。人头攒动，罗纳德个儿高，臂力大，轻巧巧把我举起来，看人群里的杂耍。我被抱得痒了，咯咯地笑，好像回到3岁的时候。

在"龙井问茶"喝茶嗑瓜子。罗纳德不会嗑，坐在竹椅上望风景。我将瓜子利落地一粒粒剥好，放进他面前的盘子里。罗纳德感慨地对老爸说，charming girl（迷人的女孩）。我被说得脸红，心里却很是得意。那天下午的太阳真是好，不焦躁，却是温凉、温凉的。

背着别人，我和罗纳德也有私下的交谈。可是因为词汇量有限，话题都涉入不深。我说，将来我想做了不起的人。哦，小小年纪志向就已经不小。我满以为他会赞扬我。

可是罗纳德却摇摇头，你以为那样很幸福吗？我还记得他反问我的样子，他努一下嘴，吹了口气，胡子往上翘了翘。不屑的样子。

这些，都属于遥远的过去。仿佛镶在画中的记忆，被云雾遮掩，特别的不真切。在我 8 岁的时候，罗纳德的到来好像来自远方的风暴，洗刷了我那单纯的生活。和罗纳德告别的时候，我伤心着，以为再也见不到他了。

可是，一晃，7 年过去了。

我真的有些激动。我从未体验过和一个 7 年未谋面的人重逢会是什么情形。

7 年真的很神奇。7 年前，老爸刚学会开车，紧张得恨不得所有的行人都给他让路，7 年后，老爸已经能闭着眼睛哼着小曲开车；7 年前，老爸开的是辆旧的桑塔纳，7 年后，换成了流线形的帕萨特；7 年前，老爸天天回家吃晚饭，7 年后，老爸一个星期只有一天回家吃晚饭；7 年前，老爸 39 岁，看上去像 29 岁，7 年后，老爸有了第一撮白头发，看上去就是 46 岁；7 年前，所有的漫画杂志都登老爸的漫画，7 年后，漫画杂志的编委名单里都有老爸的名字，里面却没了老爸的漫画。这是我老爸的 7 年。那么我的呢？罗纳德的呢？

三

7 年，会让罗纳德变成老人。我想。7 年前，他 58 岁。现在，他 65 岁。65 岁，应该是老人的概念了。

我和老爸站在候机室里，激动地等待来自法兰克福的飞机降落。我的英语已经今非昔比，而罗纳德再也不可能把我高举过肩。现在的我，1 米 63，穿落拓的牛仔裤，左耳垂上吊了个银色的耳坠，很深沉，不再喜欢旁若无人地说话。

远远地就看见了他，还是老爸眼尖。那个穿绿色棉风衣的老头，长脸，白发，白胡子，走路微跛。那么遥远又如此切近，好像从另一个世界走来的人。

我以为我们会激动地流下热泪。还好，没有。罗纳德过来拥抱我，用柔软的胡子摩擦我的脸颊。这是 7 年来我第一次被别人拥抱。

他上下打量我，像打量外星人。我怎么了？

这回，老爸安排罗纳德住的是欧式旅馆，不豪华但很舒适。到的时候，子墨叔叔已经在那里了。

他们没法和罗纳德交流，只能用炽热的微笑诉说离情。而我，可以尽情酣畅地说，但我不想在他们面前说得太多。

刚坐下，罗纳德就打开箱子，掏出一只蓝色纸包。

"给我的？"我说。接过来，是一只红色的皮质钱包，贴着布鲁塞尔机场免税店的标签。

"给小姐的礼物。"罗纳德说。7 年前，罗纳德给我的礼物是一只玩具狗。

然后，他掏出一只透明的讲义夹。里面夹了我们和他所有的通信和照片。照片已经开始泛黄，提醒着岁月的过去。子墨叔叔唏嘘不已。

　　罗纳德喃喃叙说，眼神里充满追忆的温暖，他的语速快而零乱，我都来不及领会。他变戏法似的从包里掏出一枚仿古放大镜，在子墨叔叔面前晃了晃。

　　"这不是上回在东台路买的吗？"子墨叔叔讶异着，"他为什么还要带来？"

　　我忍不住大笑，是笑子墨叔叔的愚蠢还是笑罗纳德的迂？我也不知道。反正我很高兴，这也许是罗纳德纪念重逢的方式吧。我说。

四

　　这一次，老爸不再充当罗纳德的全程"车夫"，他的公司让他脱不开身。子墨叔叔也有他的事，他们报社严肃了劳动纪律，必须上下班打卡，缺勤要扣奖金的！他们都很忙。我说我没关系，我正放假呢，有的是大把大把的时间。

　　罗纳德去郑州参加某世界漫画节的筹备会，会后，所有的老外都去了北京，只有他来了上海。"上海，有我最想见的人。"罗纳德说。而我，当然是罗纳德最想见的人。

罗纳德将在这里逗留两天。我参与了对罗纳德活动日程的安排。我对子墨叔叔说，一定要有博物馆、美术馆的内容。7年前，我们带罗纳德去陆家嘴。可他对高耸入云的"东方明珠"熟视无睹，还不及看到一只马桶兴奋。

可是一直下雨。

罗纳德有脚疾，不能走长路。我打着伞，搀扶着他去静安寺乘地铁。虽然如今，街头时常能见到老外，我们这一路还是走得很引人注目。一个别着老式黑发卡的老太从寺庙里烧香出来，和我们擦肩而过时，停下，仰起头认真地研究了罗纳德一番。罗纳德被她看得很开心，告诉我，7年前，他在一条弄堂里被一群老头老太围观。"他们像在看一只 monkey（猴子）。"罗纳德耸耸肩，模仿"monkey"的样子朝空中抓了两把。

我笑。老太虽听不懂说什么，仍然被说得不好意思，迈动小脚跑开了。

出了地铁站，雨水渐止。博物馆被笼在雾中。进了博物馆，我原以为罗纳德会欢呼雀跃一番，没想到他对中国古文物和古字画的兴趣淡漠得很，本可看一天的内容两个小时就逛完了。他倒是更乐意在纪念品柜台逗留，挑选一些廉价的书签、茶杯垫回去送人，跟我们到旅游区的习惯没啥两样。

我有些失望，悻悻地跟他解释楼上还有好几层，问他要不要去看看。

No！罗纳德摆了摆手，朝卖旧瓷器的柜台冲了过去。

然后，他要歇脚。找了二楼的茶室坐下，一杯龙井要50元，我的天。我摸摸口袋，准备付钱，罗纳德抢先把钱递了出去。"你是小姐。"罗纳德说。

这是他第二次称我为"小姐"。我说，既然我不是孩子了，你应该让我请你吃一次午饭。老爸昨晚给了我500元，我有足够的底气。罗纳德看着我，恍然大悟地笑了，说好。

我们吃的是必胜客。服务生比以往任何一次的态度都殷勤周到。因为罗纳德，我也有幸沾了光。罗纳德没有要比萨饼，而是点了一份意大利肉酱通心粉和一份蔬菜汤，我又另外给他加了一份法国焗蜗牛。我不喜欢通心粉，却还是点了和他一样的。我不希望我们的距离看起来太遥远。

吃通心粉的时候，罗纳德问，邱为什么总是忙？邱就是我的老爸邱士海。我摇摇头。这也正是我想搞清楚的问题。忙，是老爸和罗纳德通信见面时谈论的主要内容，"忙"是老爸的生活状态，也是他能表达好的有限的英语单词之一。

老爸为什么总是忙，这也是我没搞懂的问题。我想，我的老爸如果有一天不忙了，非得住进医院去不可。但是，罗纳德却不能理解。"我在30岁以前，每天工作20个小时，可后来我发现那样很愚蠢。"罗纳德现在每天花两个小时工作，其余时间全都花在闲情逸致上。他在房子里辟出一间"中国角"，收藏摆

弄和中国有关的一切东西，小至中国朋友的名片、餐馆的卡片，大至明清式的鸦片床。

我想问他既然对中国感兴趣，那刚才为什么没耐心看中国的古字画。话到嘴边，又咽了回去。

相比之下，我的老爸从来没有这种雅兴，他恨不得把睡觉的时间都搭上。我甚至害怕走进他那间拥挤不堪的书房，所有的桌面和地面都被他的资料书本占满了。老爸从了商，仍然改不了艺术家不拘小节的习性。我相信，一旦走进他那间可怕的书房，正常人都会血压升高。天晓得老爸那些日子是怎么熬的。

"7年，多大的改变啊。"罗纳德感叹道，"我以为你还是那个胖胖的小姑娘。"

他对时间的感叹当然比我由衷，我发现，那些大人尤其恐惧时间的流逝。而我，对时间的流逝充满热爱。是的，我已不再是那个胖胖的乖乖的小姑娘了。我少言寡语，甚至不苟言笑。我懂得克制自己的表情，觉得生活是一条艰深的隧道，有那么多东西可以挖掘。

忽然想起了伍尔芙。1923年春天，她开始创作《达罗威夫人》。她频繁地提到她的年龄——她年届40，对时间的流逝极其敏感："我感到时间飞跑得像电影院的电影的速度……我用我的笔刺探它。"她开始更深切地体会到人生跨度和不同的人生阶段所提供的机会。在40岁的年龄上，她说，要么扬鞭催马，加速前进；要么放松自己，干一点算一点。眼看身边的朋友渐渐失去活力，伍尔芙决定去过一种更紧张激烈的生活。

这也许就是老爸的心情。

我没有和罗纳德聊伍尔芙，这对我的英语是严峻的考验。我们只是谈论罗纳德的一对女儿。她的小女儿莎莉嫁给了一个老实巴交的船员，并且有了一个洋娃娃似的儿子；大女儿芬尼三十好几还没结婚，浪迹天涯。而我印象中的莎莉完全来源于我的老爸，他说莎莉是个沉默朴素的穿红衣的小姑娘，很乖巧地站在美术馆外面帮他们发传单。

哦，已经很多年过去了。

五

第二天，我一大早就醒了。这一觉睡得迷迷糊糊、思绪纷飞，内心独白如同行云流水。一定是晚饭吃多了。昨天的晚宴设在新天地旁边的石库门饭店，丰盛的菜肴摆了一桌子。罗纳德苦笑问，为什么总是满满的？而且每次总是吃不完。看来，7年前饭桌上的丰富令他记忆犹新。老爸和子墨叔叔的朋友都来了，除了搞笑大师伍顺伯伯，还有一个香港人、一个台湾人、一个美籍华人。伍顺伯伯学了领导讲话，唱了昆曲，然后和罗纳德开起了坏笑，当场创作了一组掺进暧昧段子的打油诗，逗得罗纳德莫名其妙地乐。

回来时，一肚子鸡鸭鱼虾就向我提抗议。夜里，肚子一直咕咕地叫，老妈说可能是消化不良，逼我吞下几粒黄色的药片。

我问老爸，明天能不能陪罗纳德。老爸冲我不好意思地笑笑，我就懒得再说什么了。

第二天一大早，我就赶到了宾馆。老爸和子墨叔叔要晚上才能来陪他吃饭。刚进宾馆大门，就看见罗纳德在小卖部那里磨蹭。近前去，才知道他们正为百事可乐的价格发生争论。罗纳德说超市里是两块钱，这里为什么卖四块！小姐把嘴一撇，理直气壮地说，这里是宾馆！我从罗纳德手里拿过可乐罐，往小姐面前一放，说："不买了，我们去超市买。"

说完，我就有点莫名地生气，也不知道究竟为了什么。

仍在下雨。罗纳德看看天，对我说，去星巴克吧。我知道他嗜咖啡如命，把咖啡当开水喝。昨天一路走，看到街头遍地开花的星巴克咖啡店，罗纳德一脸悠然和满足。

我想起了陆家嘴滨江大道上的星巴克，论风景和情调，那里是一流的。于是，不惜冒雨前往。

一路上，罗纳德对那罐可乐耿耿于怀，并且因此生发出更多的感慨。说是 7 年前，他走的时候，机场居然不允许我老爸和子墨叔叔送进去，而且还罚了他一大笔钱。好心痛哦。

我忍不住说："中国这么不好，你为什么还来上海！"

他嘿嘿笑着说："因为我来上海，可以不花钱啊，你爸爸和子墨请客嘛！"

我看了一眼罗纳德幽深的蓝眼睛，弄不清楚他是说真的，还是在开玩笑。心里好像堵进了一团东西。原本的记忆犹如一幅干净的画，这会儿生生给弄脏了。

坐在星巴克里，听着爵士乐，心里的闷气才慢慢消了。看黄浦江对岸的隐在雨幕中的万国建筑群，我觉得自己真的很像一个大人了。

我开始有闲心仔细地打量罗纳德。和7年前相比，他额上的皱纹更深了，两边的脸颊微微凹陷，本不浓密的棕黄色头发也稀疏了不少，只有胡子还一如既往地茂盛着，可那胡子也夹带了几缕花白。

洪亮悠远的钟声从对岸的海关大楼飘来，余音震颤。罗纳德安静地倾听钟声敲完13下，说："我每天下午这个时候，开着车去海边，你知道，那里有大片的草坪，还有……"

听着这些话，我心里的那幅画又慢慢清晰起来。我看见罗纳德躺在草坪上，逗引他出生不久的小外孙。小外孙长着大大的脑袋，一头金发，他跳在他的肚皮上，咿咿呀呀，又滚到一边，摇摇晃晃地撑着身体坐起来……

我还看见1941年3月的一个早晨，饱受时间折磨的伍尔芙留下一封充满爱和深情的决别信，趁丈夫伦纳德到园子里做活的时候，偷偷地溜出了家门。伦纳德从花园里回到家中不见了伍尔芙，预感到不祥。而此时的伍尔芙，衣袋里坠满了石头，在河边留下拐杖，已经沉入冰凉的河水之中……

它们本无关联，不知怎么的，我就把它们串在了一起。

我喝了一口拿铁说："罗纳德，我觉得我们之间的距离一点都不远。"

"我可不这么想。"罗纳德说，他的咖啡里没有糖也没有奶，"我好像坐在一个很熟悉又很陌生的人面前。"这次他没有称呼我"小姐"，那样会让我感到生疏。

"芬尼15岁的时候，我曾经出门两个月。回来后，我发现我已经不了解她了。"罗纳德的芬尼现在是个特立独行的工程师。

是的，两个月也会令周围的人不认识我，我相信。每天，我的头脑里充满各种各样的想法，没准明天就会颠覆今天的念头。我觉得自己好像一个不断分裂的细胞，瞬息万变。

"我有时会感到累。这在以前几乎没有过，也许我真的开始老了。"罗纳德的神色里滑过一丝黯然。

可我每天都觉得精神抖擞，好像时刻准备和这个世界较劲儿。

六

在星巴克里悠闲地消磨了一个下午。出门时，我开始暗地抱怨。此时正是大雨滂沱，路边连出租车的影子都见不着。我们在雨中走了 20 分钟，仍然杳无希望。我能觉出罗纳德脚下的沉重。让他在大雨里走一公里的路去乘地铁，实在很不人道。但是，这是唯一的选择。

正绝望着，一辆打着"空车"灯的绿色的士开了过来。罗纳德像看见救星一样，张开双臂招呼它。

可那司机却在地铁口将我们放了下来，说是下班时间，出租车不允许过隧道。于是，只能坐地铁，和那些上班族们一起挤上挤下。

出了地铁，仍不是目的地。我埋怨老爸他们为什么偏要挑那个什么倒霉的"咸亨酒店"，从地铁口去酒店还得打车。可是，车呢？出租车一辆一辆从雨幕中过去，全都是满载。我搀扶着罗纳德走过一个又一个路口，企图能碰上一辆空车。可是，没有。

雨越下越大，我和罗纳德半边的衣服都打湿了。罗纳德的眼镜上蒙了一层水雾，不时用手绢去擦。而我，已经感到了冷。我们绝望地站在商厦的大门口，避风、躲雨。

半个小时过去了，40 分钟过去了，没有车。这会儿，我的老爸在哪儿呢？子墨叔叔已经坐在饭店里喝着菊花茶了吧？而我们，却好像汪洋中的一条船。

老爸忙得真好，忙得没工夫陪罗纳德，罗纳德 7 年才来一回啊。7年以后，罗纳德还会有机会来吗？7年后，我也上班了。那时，我也会像老爸一样忙吗？我委屈得要哭出来。

救星是在一个小时后出现的。我终于抛弃最后一点希望，拨通了老爸的手机。"来接一下我们吧。"我带着哭腔要求道。老爸正在去"咸亨酒店"的路上，接到我的"呼救"，只能绕道来接我们。

欢送罗纳德的最后一顿晚饭依然很丰盛。我却一点儿也没胃口。罗纳德好像忘了刚才在寒风冷雨里受冻的遭遇，开心地喝啤酒、说笑话。看他那天真无邪的样子，我心里对他充满了歉疚，不知道他是不是真的很开心。两天里，他和我老爸、子墨叔叔相聚的时间不超过6个小时。他会遗憾吗？尽管他说，他最想见的人是我。

子墨叔叔细心地带来去年的邮册，这是罗纳德喜欢的。老爸送上一只明清时期的笔筒，也是罗纳德喜欢的。这回，罗纳德回去的行李不会超重了。7年前，罗纳德疯狂购物，回去时行李超重罚了100美金。这回，并不是因为戒了购物癖，而是没了时间和心情。这回，罗纳德买的东西很有限。它们是一本中国女子的裸体艺术摄影画册，给学过舞蹈的芬尼；一条苏绣的围巾，给莎莉；一对图案漂亮的瓷杯，给他自己和他的太太。

我长大了，老爸和子墨叔叔将罗纳德全权委托给了我，而我，并不是一个好导游和好导购。

七

罗纳德是在第二天中午走的。

老爸在前一个晚上因为心急慌忙，不小心被车门夹坏了手指，所以，我们无法享用他的车去机场了。我们坐的是空港巴士。我酸酸地说："老爸，真遗憾，罗纳德没能尽情享用你漂亮的帕萨特。"老爸苦笑两声。

老爸的手指肿得很大，忍痛举着缠绕了白纱布的手指去机场，还用完好的左手给罗纳德提了行李。

临登机前，罗纳德看了一眼机场角落里的咖啡吧，说，再喝一杯吧。

机场里的咖啡是天价，子墨叔叔犹豫了一下，还是忍痛买下 35 元一杯的速溶咖啡，一共四杯。三个男人坐在一起，又是回忆往事。子墨叔叔说，他认识罗纳德将近 16 年了。那时，他还很瘦，他拍拍自己的啤酒肚说。

老爸说，10 年前，他独自一人去奥斯坦德，在海边的沙滩上过了一夜。真是美啊！老爸感叹道。

16 年前，我还没出生。10 年前，我还吵着要用奶瓶装水喝。

一晃，那么多年过去了。老爸再也没了在海边过夜的闲心，子墨叔叔也已经胖成了一尊弥勒佛。

罗纳德说："这次，我一定不哭。"他指指自己的眼睛，对我说。

时间，让我们坚强。

罗纳德走进安检口的时候，回过头冲我们挥手。果然没有哭。我们在原地站了一会儿，返身走出机场。

"不知道罗纳德还能不能再来了。"子墨叔叔像是自语。我和老爸都没有接他的话。我得留时间让自己想想。

机场出口围着一圈人，我们挤进去看。只见地上坐着一个形容萎靡的老太，口角流涎水，睁着一双无神的眼反复说："黄金万两，黄金万两……"没人懂她的意思。旁边有人说："老年痴呆。快通知机场寻人吧。"

老爸没工夫看热闹，拖着我就走。空港巴士开到了高速公路上。老爸的手机急促地叫起来，那头正催老爸赶紧回去。我皱着眉头扭过身子，碰到了身边的纸包。那是罗纳德留给我的，上面用红笔写了我的小名：Qingqing。

打开纸包，我把里面的东西一样一样拿出来。那是行李里装不下的博物馆的简介和光盘，宾馆里没用完的一次性香皂和浴帽，还有一只深蓝色的纸盒，里面是一只蓝花纹的水杯。

我还记得陪罗纳德买这只水杯时的情形。那是一家专卖台湾产瓷器的小店，杯子的款式都很别致。罗纳德看中了这只蓝花纹的，买了同样的两个：一个给自己，一个给他太太。当时我说，我也好喜欢，可现在我不需要。

年轻的老板娘塞给我一张名片，说以后多带点客人过来，我给你优惠。我笑笑，没搭理她。

罗纳德为什么把这只杯子留给了我？

我抚摸着杯子上凹凸的花纹，无意中触到了杯底的裂缝。哦，原来是一只坏杯子。刚刚起来的欢喜又下去了。心底却不由地浮起一层伤感，7年，我不知道罗纳德还有多少个7年。长久的分别和重逢真是不同寻常啊。

我会在罗纳德有生之年去奥斯坦德看他一回，我有的是时间，我想。可是，罗纳德呢？

画框里的猫

　　三年前，我15岁。那年的冬天，我是在郁闷和别扭的情绪中度过的。

　　直至今日，一到冬天，我就会想起这件事。尽管我连罗玉子的长相都记不清了，但所有的场景都历历在目。这是一种无声的记忆，好像在看一部默片。

　　饭桌边只有我和母亲两个人。桌上摆着一盘红烧鲫鱼，鲫鱼的尾巴翘在盘子外面，好像依旧保持着它濒死前绝望挣扎的样子。母亲把一筷子鱼肉夹到我碗里，我皱着眉又将它夹了回去。我不喜欢吃鱼，母亲却总是强迫我吃，就像她常常让我穿我不爱穿的衣服一样。我低着头，但我的心却凝视着端坐在我面前的母亲。自从父母离婚后，我觉得母亲越来越不可理喻，这个只有两个人的家变得沉寂无声。

　　我听见母亲冷冷地说："不吃也可以，有本事别的菜也别吃！"

　　"不吃就不吃！"我小声咕哝道。

"好啊，你永远别吃我做的饭！"母亲啪地一放筷子，大声说。

"有什么了不起，饿死给你看！"我也没有示弱，站起来，转身跑了出去。

我没有马上跑出家门，而是在庭院里站了一会儿。我低垂着头，看着几株蔫了的花草，隐隐地希望母亲能追出来。但母亲并没有出来，追出来的是她的骂声。她骂的什么话，我记不清了，只记得当时觉得心情很灰暗，真的有饿死给她看的决心。

其实，母亲的心情我是完全能理解的。人到中年，丈夫却跟别的年轻女人跑了。在母亲的这个年龄，无论是事业，还是别的，好像都到头了。她唯一的希望只有我，而我，却偏要和她作对。母亲43岁，她到现在只做过一份职业——在国家机关的人事科里当科员，她连科长都没有当到，但母亲很为自己的金饭碗自豪。在我的印象里，时间留给母亲的纪念，除了眼角的细纹和不再柔曼的腰以外，没有太多的痕迹。她可以好几年不买一件新衣服、不烫头、不化妆，她一直小心谨慎地维护着什么，最终却失去了她的丈夫。

小的时候，我觉得母亲都是对的，并且真的想照母亲说的去做。母亲说要读好书，否则将来找不到好的工作；母亲还说女孩要有女孩的样子，否则找不到好老公；母亲说钱要省着花，在有钱的时候也别忘乎所以……这些，听起来都很对。可现在，我却觉出那些话里也有些不对劲儿的地方，但到底不对在哪里，我也说不清。我知道母亲很疼我，处处为我着想，可她的那种方式我就是受不了。有一次，我在班委选举中落选了，母亲知道了，比我还难受，她说这样多没面子啊，别人会怎么想啊，还跑去找班主任谈话。母亲这么做，弄得我很难堪。我和她大吵了一通，她很伤心，说我一点都不体谅大人，她是为我好。

这些日子，类似的冲突在我和母亲之间经常发生。有一次，母亲哭着说，怎么生出这样的女儿来，两个人像一对冤家。母亲的疑惑我也有，心里想，凭什么要和你一样啊？有时候，我觉得自己挺坏的，也想乖乖听母亲的话。可正想俯首帖耳，偏偏又有个小人儿跳出来，不许我听话。于是，总是觉得别别扭扭的。

我不知道自己身上究竟发生了什么，总想和母亲吵架。我还感到身体里的血液在逐渐凝固、暗淡。我马上要到 16 岁了，人家说 16 岁是花季，可我青春的血液却似乎越流越慢。

我还没等母亲骂完，就跑出了院子。

院门正对着后海。后海里的水结了一层薄冰，在冬天的太阳下反射出脆弱的光。我抱着手臂，靠在后海边的石柱上，情绪很糟，心里对母亲充满了说不出的怨愤。这时候，我听到了一阵敲打声。

　　循声望去，我的眼前一亮：就在几步远的地方，不知什么时候冒出了一家颜色鲜艳、古里古怪的小店。我想那应该是个小店，木门上画了一条比人还高的黄黑相间的大鲤鱼，外墙被漆成了天空一样的蓝色，上面镶了几十个花花绿绿的瓷盘，房檐上还搭出了个橘红色的凉棚，吊了些风铃之类的叮叮当当的小玩意儿。店招好像是木头做的，也有一人高，插在门外的泥地里，上面写着——

　　玉子手工制作

　　我努力地想了一下，才回想起这个小店所在的房子原先是邻居空关了很久的破败的老屋，才十来个平米，如今，它"老母鸡变鸭"了。

蹲在地上敲打的是个女人。女人的背影吸引住了我的视线：她上身穿了件半新不旧的皮夹克，背上靠肩胛的地方画了一处手绘的牡丹——我敢保证是画上去的；下身穿着一条水红色的大花裤子；头上扎了块同色系的包头布。我敢说，整一条街，没有一个女人敢这么穿戴。

她正在往墙上钉一个漂亮的房子形状的信箱，那信箱的位置特别矮，刚好够到站在她边上的小男孩的肩。那小男孩四五岁的样子，估计那信箱是为他装的。

女人发现我在看他们，就冲我笑了笑。她招了招手，让我过去。我迟疑了一下，还是过去了。我不习惯和陌生人说话，但眼前的这个女人似乎和别的大人不一样。她的脸上带有一种孩童的表情，笑起来差不多和她的儿子一样天真无邪。

我很快知道她叫罗玉子，那男孩叫石头，今年5岁。我问罗玉子，店里头都卖些什么。罗玉子骄傲地说，卖的都是天底下最特别的东西。我朝店里探了探头，果然看到蓝色的架子上摆了大大小小千奇百怪的工艺品。我问："这些都是你自己做的吗？"罗玉子点点头，她指着一双小铜鞋说："信吗？这是用石头3岁时穿的鞋子做的。还有，这些镜框是我和我的朋友一起画的。"

我从没见过这么漂亮的镜框，它们被小心地悬挂在架子上，上面画了带有异国情调的图案。还有那些罗玉子亲手制作的草叶纸灯罩，铺展在天花板上的色彩淡雅的手揉纸，让人想到飘飞的云絮，心里便莫名地柔软起来。

这就是我第一次见到罗玉子。我觉得她比我大不了多少，但是按年龄推算，罗玉子至少有35岁。从罗玉子那里出来，我又在后海边磨蹭了一会儿，才回了家。母亲见了我，没作声。我知道她已经消气了，可是我还想着自己说过的话。说出去的话，泼出去的水，我真的下决心不吃母亲做的饭，看谁能坚持到底。

结果，还是我输了。我坚持了三天，趁母亲不注意，偷偷地吃饼干。到了第四天，我觉得脚底轻得打飘了，而且不可遏止地想吃肉、吃虾，最终，我狼吞虎咽地吃下了母亲递过来的鸡蛋羹。我和母亲之间的战争不战自败。

在罗玉子那里，我认识了她的第一个朋友，她叫"猫"。

其实罗玉子的小店也像猫的习性，白天打盹，晚上却焕发出异样的神采。罗玉子说，"猫"是她给她起的昵称。我不知道"猫"的真名，估计她比我大不了多少，刚刚高中毕业，没有考上大学。看样子，她也没有上大学的打算。"猫"整日窝在罗玉子的小店里，听音乐、画画。那些日子，她们一直在痴迷地画猫，在墙上、在画布上、在镜框上，她们一边画，一边听一种古怪的音乐，罗玉子说，那音乐来自印度，来自天堂。

当整条巷子黑暗沉寂以后，只有罗玉子的小店还醒着，从里面流出温暖的光和音乐。从我的窗口，可以看到从罗玉子的门缝里流淌出的蛋黄一样的光线。我总觉得，那光线像奶酪一样诱人，而我，恰恰像一只馋嘴的小老鼠。

那天夜里，我很早就睡了。也许是因为天热，也许是因为别的，我一直没有睡着，于是，干脆起床，摸黑去敲了罗玉子的门。

罗玉子蹦跳着迎接了我。我注意到屋子里还有一个穿黑衣服烫粟米头的女孩，她背对着我，连头也没回。她正在给画板上的猫上色，那猫看上去很古怪，蓝色的身体，冷峻的神情，还有一双红色的眼睛。

罗玉子说，这是我的朋友"猫"。"猫"这才抬头淡淡地看了我一眼，又将她的视线转到了画上。

我将架子上的东西一件一件地看过去，好奇地向罗玉子问这问那。罗玉子很耐心地回答我，可我总觉得她的话我不完全听得懂。我问她，为什么要把石头的鞋子铸成铜的？罗玉子说，她要记录石头的成长，那鞋子里有石头的生命。我还问，你为什么要做那么多陶制的云豆，它们有什么好看？她说云豆是生命体啊，她热爱一切有生命的东西。

问到后来，我越来越觉得自己俗不可耐，蠢笨不堪。我的每个问题，罗玉子都能用不着边际充满诗意的话回答我。她说的话仿佛在云雾里，你以为听懂了，却还是模棱两可。后来，我听到了"猫"的窃笑。她把画笔往笔筒里一插，掉过头来，用一种调侃的神情看着我，她的表情让我感到了一种侮辱。

"你能不能不问这些个'为什么'？""猫"说。

我默不作声地看着她。

"你说说，我画的猫怎么样？""猫"问我。

"像一只妖精。"我尝到了报复的快感。

"谢谢你的夸奖，我就是要这样的效果。""猫"快活地说。

说着，她把画框挂到了墙上，后退几步，自我陶醉地欣赏起来。她们没有再搭理我，我在藤椅里坐了一会儿，就起身告辞了。说实话，那个晚上，我觉得有些无趣，可心里却充满了探究的欲望。我想我遇到了两个奇怪的人，她们的生活、她们的脑筋和我们普通人太不一样了。我们生活在人间，她们生活在天上。

罗玉子很快就引起了人们的注意。她扎着包头布的形象犹如一抹浓重艳丽的色彩，吸引了所有人的视线。从每天在巷口卖酸奶的大妈，到扫尘的外来妹，都知道后海边来了个奇怪的女人。他们起先是探究她有没有老公，曾经做过什么工作，接着又对她的经济状况产生了兴趣。后来，人们终于得出了一致的结论：她曾经结过婚，但现在和老公离婚了，她没有固定工作，并且也没什么钱。

我想，人们的结论基本是正确的。罗玉子和"猫"曾经带我去买过东西，她们去的是批发市场，在那里买廉价的绘画用品。罗玉子还说起，有一回她在小摊儿上看中一只30元钱的玩具猫，可是她没买，因为兜里没钱。才30元啊。罗玉子说的时候，我有意看了看她的脸，她看上去很平静，经济上的拮据似乎一点都没能影响她的情绪。不知怎的，想起了我的母亲，自从父亲和她离婚后，她就成了一个受伤的怨妇，总觉得自己是弱者，就怕给人欺侮。有一回，父亲的抚养费晚到了几天，她一天打五个电话去催。我说你烦不烦哪，母亲咬着牙说，你懂个屁！母亲常常让我感到紧张，她好像被什么箍住了一样，而我，又被母亲箍住了。

我和罗玉子她们的亲密关系很快引起了母亲的不满。那天，正吃着饭，母亲突然说："你以后少到罗玉子那里去。"我说为什么啊？"近墨者黑，你知道那个烫鸡窝头的姑娘是什么底细吗？"我扑哧笑出来："什么鸡窝头啊，是粟米头。"我知道母亲指的是"猫"。

"我管她什么头，她呀，大学考不上，给父母赶出来啦。她父母都是大学教授，却偏偏生了这么个顽劣的女儿……"母亲说。

"你怎么知道？"我很惊异于母亲的侦探本领。

"你别管，反正，你以后少去那儿！"母亲用命令式的口气说。

"可她画画很棒。"我说。

"会乱涂乱画有什么用。"母亲轻易地把我顶了回去。

"要是我考不上大学，你也会赶我出去吗？"我试探道。

"当然！这年头，不上大学还有什么出路！"母亲正色道。她的语气让我觉得再无转圜余地，我不再作声，闷头喝汤。

"看着吧，罗玉子收留这么个人，迟早会有麻烦。"母亲预言说。

母亲的话很快得到了应验。那天下午，我放学路过罗玉子的店门口，听到里面传出争执的声音。门口已经围了一圈人，正屏息静气地在那里看热闹。我也挤了进去。

除了罗玉子和"猫"之外，屋子里面还站着一男一女两个中年人，都戴眼镜，穿得一丝不苟。他们站在一起，好像传统遇到了现代。"猫"侧过一边脸，站在角落里，脸上是特别不情愿的表情。我猜，那两人一定是"猫"的父母。

"你这么纵容她，你能对她的将来负责吗？""猫"的父亲说，口气还比较平和。

"是，我没法负责，可你们有能力为她设计将来吗？她为什么不能选择自己的生活？"罗玉子不紧不慢地说。

"你根本没有权利指责我们，她是我们的女儿！""猫"的母亲激动起来。

"是啊，她是你们的女儿，可你们生她下来，她就是个独立的人，她不是你们的财产！"罗玉子也不示弱。

"你有什么资格来教训我们？看看你自己吧，你有什么？你给人扔了，窝在这么个破屋子里，把你自己管管好吧！"没想到知识分子也会口不择言。

"别吵了！""猫"大叫一声，从角落里窜出来，不顾一切把她的父母往外面推搡，"你们走，走，我跟你们回去就是了！"

"猫"以最快的速度把她的父母推了出去，她始终没有掉一滴眼泪，我从心底里佩服她的坚强。更让我佩服的是罗玉子，他们一走，她就打开了音响。幽雅神秘的印度音乐在小小的屋子里回旋游荡，空气顿时沉静下来，仿佛什么都不曾发生过。

看热闹的人渐渐散了。罗玉子看见我站在门口，冲我笑了笑，她指着墙上一个巨大的画框说："你看，是'猫'画的，多么神奇漂亮啊！"画框里蹲着一只神秘诡异的红色的猫，它闭着眼睛，表情特别温柔甜蜜。

从此，"猫"像水汽一样从罗玉子那里蒸发了。我曾经问过罗玉子"猫"的行踪，她很神秘地看了我一眼，说"猫"去旅行了。"她去偏僻的地方，寻访制陶的人，做一个民间艺术家，那是'猫'的理想。"罗玉子说。她用手抚摩了一下手边一只蓝色的泥猫,她说那是"猫"的作品。

我想起一直有一个问题没有问她:"你们为什么那么喜欢画猫呢?"

"嗯,"她沉吟了一会儿,说,"猫很灵敏,它可以在地上走,还可以爬到房上、树上,而且猫有九条命,摔不死。做一只猫多好,多自由啊。"

"可是猫是人养的。"我找出了她的破绽。

"为什么要做一只家猫呢?做一只野猫不行吗?"罗玉子说着,睁大了眼睛,她的目光在灯光下灼灼逼人。

"你怎么像个姑娘一样?你和我妈妈一样,都离了婚。为什么我妈妈总是愁眉苦脸,你却每天都很快活?"我大着胆子问。

"离婚有什么不好?我离了婚,我就有了自由。"罗玉子说。

"可是你没有工作。"

"要工作干吗?我现在多好,没人管我,想干什么就干什么,我又不需要很多钱。"罗玉子说。

我忽然觉得自己有些蠢,那些问题到了罗玉子那里都不是问题了。她的小店里有时会有零星的客人,一般都是老外或者是观光者,他们中的有些人喜欢她做的东西,就买下了。我知道那些东西都卖得不贵,几元或几十元一个,最贵的不过二三百元。这样一想,罗玉子似乎也不会太穷。至少,她每天能喝上一瓶酸奶。

　　不久以后，一个男孩出现在罗玉子的小店里，他叫左耳，是罗玉子的新朋友。我想起罗玉子曾经说过，她喜欢不断结交新朋友。而我，不过是罗玉子窗外的一双眼睛，一个常常在远处观望的人。罗玉子没有把我当作她的朋友，但每每和母亲吵了嘴，我都喜欢到罗玉子那里去寻求庇护。因此，母亲对罗玉子的成见也越来越深。她们俩没有正面说过话，我也刻意不让她们有说话的机会。直到左耳来了。

　　左耳也没有职业，好像读到高二就退学了。目前，左耳正在进行一项艰苦而有意思的工作，成天扛着迷你摄像机在街头拍记录片，晚上就来罗玉子这里画画。他和罗玉子很说得来，常常说着说着就大笑起来，收也收不住。左耳待我要比"猫"友好。他好像知道有"猫"这个人，有一回，他央求罗玉子，希望将来三个人能成立一个艺术工作室。罗玉子不置可否。左耳说话时，她正在给澡盆里的石头洗澡。石头在澡盆里一刻不停地甩动四肢，不断地将水泼出来，但罗玉子没生气，还是很耐心地往这孩子身上撩水。我也站在澡盆边，我们身后是一只烧得火红的暖炉。左耳见罗玉子没什么反应，就凑过来和我说话。

　　"我想请你帮个忙。"左耳说，"我想给你拍片子。"

　　"给我拍片子？拍什么？"左耳的建议让我觉得又好奇又兴奋。

"拍你和你妈妈吵架。"左耳说。

"亏你想得出！"我有些生气，别过脸去。

但左耳并没有放弃，像只苍蝇一样在我的耳边磨。他说了很多理由，说真的，有些理由还真让我动心。他说他想表现两代人的冲突，呼吁成年人对我们的理解。他还说，他要去参加一个微型记录片大赛，如果得了奖，我就成明星了。

每个女孩都想做明星，我承认，左耳的最后一条理由把我说动了。我答应试试。可是拍摄的难度很高，我相信，母亲说什么都不肯在片子里丢人现眼。左耳说没关系，他有办法。

以后的几天，左耳有一半时间扛着微型摄像机猫在我家门口的大槐树上，伺机而动。而那几天，我和母亲之间特别平静。我问左耳这两天都拍了什么，左耳神秘兮兮地捂着摄像机，说到时候就知道了。

幸好我和母亲都没让左耳等太久。在一个平常的日子里，母亲背着我检查了我的书包，在里面发现了一支口红。当时，我还在床上睡懒觉，母亲举着证据冲了进来。

"起来，这是哪儿来的？"母亲怒冲冲地说。

"不就是一支口红吗？"我轻描淡写地说。

"还犟嘴！你说，哪儿来的？小小年纪就涂脂抹粉，哪里还有心思学习！"母亲振振有词地说。

"这跟学习没关系！"我从床上坐起来，眼角瞥见左耳不知什么时候已经扛着摄像机溜了进来。也许是因为这个缘故，我表现得比平时更激烈。

"怎么没关系？你会分心，成绩会下降，考不上高中考不上大学，看你怎么办！"母亲对身后的镜头浑然不知。

"现在是什么年代了，还用老一套教训人。妈妈，你为什么样样都要和学习和前途挂起钩来，有这么严重吗？"

"怎么不严重？考不上大学，就找不到好工作，就跟那开小店的女人一样。"母亲搬出了个反面例子。

"开小店怎么啦，为什么一定要找工作？我还羡慕罗玉子呢，那么自由，那么自我。"我说。

"好啊，你现在会说话了，有本事你别问我要零花钱！"母亲动不动就拿钱来压人。

"我才不要你的零花钱呢，我去打工，自己去挣！"我看见左耳离母亲只有一步开外，真担心母亲发现了他，我想不出母亲会有什么反应。

噩梦瞬间就发生了。母亲一转身，便看见了身后那个黑洞洞的镜头。她先是吓了一跳，很快就明白了一切。左耳与母亲尴尬地相视一笑，别转身就往外逃，一边逃一边没忘了把镜头对准母亲扫。

母亲很快就去找了罗玉子。那时，左耳已经逃之夭夭。

母亲质问了罗玉子很多话，比如她知不知道自己引狼入室，还说她不希望我和罗玉子接触，因为这样可能带坏我。罗玉子一直安静地听，没有辩驳，也没有解释。母亲说完，罗玉子抬起头，看了我一眼，淡淡地笑了笑，说："您别担心，我很快就会离开这里。"

"那就好，我可以放心了。"母亲冷冷地说。

母亲说这话的时候，我真的很恨她。可罗玉子脸上一点都没有生气的样子，她手中的笔一刻都没停，她在画一只红色的猫，那颜色像火一样炽热。

几天后，便证实了罗玉子那天说的话。我经过她的店门口，看见她和左耳正在往外搬东西，门外停了辆卡车。我站在不远处看着罗玉子，觉得双腿软塌塌的，心里有个发毛的缺口，觉得很对不起她。罗玉子穿了一身牛仔服，头上扎了块蓝白相间的包头布，看起来很精神。她走过来，拍拍我的肩，说："我本来就准备走的，和你妈没关系。"

"你去哪儿？"我问。

"去山里，我在那里开了个窑，做陶器。"罗玉子快活地说。她总是做一些出其不意的事情，脸上永远是一副超凡脱俗甘于寂寞的样子。

我看着罗玉子帮着工人搬东西，心里很不舍，整个人好像突然被抽去了支撑的东西。当最后一样东西装上了车，我依然站在那里。我想，罗玉子离开这里，意味着这条灰暗的巷子不再有鲜艳的色彩，寂寞的夜里不再有温暖的灯光，沉闷的空气里不再有轻灵的音乐了。想到这里，我有些伤感。

罗玉子朝我走过来，手里拿了个木制的东西，那是一个画框，里面蹲着一只神态悠然的红色的猫。"送给你。"罗玉子说。我接过来，看了看那只幸福的猫，眼泪要下来了。

"哦，可千万别有眼泪。"罗玉子夸张地调侃道。转过身，关上了那扇彩色的木门。

左耳走到我身边，悄悄地说："明天下午两点，在木雕酒吧，放我的片子。过来看吧，你是主角。"

第二天下午，我去了木雕酒吧。这是我第一次去酒吧，那里有些简陋，可气氛是暖融融的。我遇到了左耳和罗玉子，他们站在那些人里面，似乎和周围的人很协调，这是我的新发现。左耳告诉我，他的片子排在第一个放。

左耳的片子叫《无题》。镜头拍得摇摇晃晃的。我先是看见自己平常的一些生活场景：每天准时去上课，趴在桌子前写作业，在罗玉子那里解闷，到小吃摊儿上买糖葫芦解馋……接着看到母亲的生活场景：急匆匆地回家，围着围裙做饭，在集市里和小贩讨价还价……我正纳闷着左耳是怎么拍到这些的，画面上出现了我和母亲争执的镜头。在画面里，我蓬着头坐在床上，样子特别丑陋，说话的声音也很尖细，听起来和平时不太一样；母亲出现在画面里的始终是她的背影，她的背影看起来很高大，时不时地把我的脸遮住。可能是因为拍摄角度的缘故，母亲的身影在画面中显得特别庞大，而我就显得有些遥远和渺小。这场争执自然是以我的失败为终结，最后一个镜头是母亲的背影遮住了整个画面。然后，片子就完了。

我明白左耳想说什么意思，但我并不很满意，因为他把我拍得太丑了。片子放完了，左耳凑过来问我感觉怎么样，我说不怎么样。左耳有些失望，说他以后一定能拍一部更好的。看他的表情有些惨淡，我起了恻隐之心，安慰他说，我特别佩服他能拍到一些不容易拍到的画面，我说他像一个高明的侦探。左耳的脸上才稍稍有了点喜色。

我很快就和他们道别了。因为母亲在等我吃晚饭，我不想回去晚了，又挨骂。正是深冬的时候，路边的泥土都给冻住了，树枝颤颤巍巍地伸向空中，发出无声的叹息。想到回家，我的心里就产生一种莫名的紧张感，仿佛要去投奔一个暗淡的前程。

从那以后，我再也没见过罗玉子和她的朋友。后来的日子里，我有时会淡淡地想起他们，猜想他们可能正在某座深山里，过着悠闲而神秘的隐居生活。

三年后的夏天，我在高考中落榜了。母亲哭得呼天抢地，仿佛家里有了丧事。落榜，是我早就想到的，因此，并没有太伤心。我面无表情地看着母亲悲痛欲绝的样子，忽然想起了罗玉子。是的，谁都要考虑将来的生活。我也不知道罗玉子他们怎么会在这个时候闯到我的脑海里来，我挺想他们的，真的。

回家的路

　　只要我们彼此相爱，并把它珍藏在心里，我们即
使死了也不会真正消亡。你创造的爱依然存在着。所
有的记忆依然存在着。你仍然活着——活在每一个你
触摸过、爱抚过的人心中。死亡终结了生命，但没有
终结感情的联系。

　　从秋枫公寓出来，天又是一副要落雨的模样。正是阵雨频
繁的春季，身上的衣服也是潮润润的，仿佛能拧出水来。

　　丹露淋着樱花雨慢慢往前走。说是樱花雨实在是有些夸张
的，这个城市里很少见到樱花，秋枫公寓里却栽了十几株，如
今，花都盛开了，一堆堆，一层层，浮云般白里透红着。风一
来，就卷下一阵轻盈的樱花雨，有那么几片掉在了丹露的肩上
和头发上。

　　樱花这种花是很奇怪的，尽管开得烂漫，却难以让人产生

欢快的心绪；它圣洁的颜色往往令多愁善感的人又生出几分凄愁。所以，有时候，丹露甚至害怕看那头顶的樱花。

半年前，和丹露一起去秋枫公寓的还有妈妈。那时候，樱花还没有盛开，院子里做保洁的阿姨告诉妈妈，再过半年，樱花就开了。妈妈听了，眼里现出复杂的神色。"半年？"妈妈有些懵懵懂懂地问道。

"半年，快了。"

那时候，丹露还蒙在鼓里，三天两头跟妈妈赌气，觉得自己是天底下最委屈的人。丹露的委屈似乎是有道理的，她从9岁起患了一种名字很可怕的病，当别的孩子到处嬉戏时，她却只能躺在床上看着窗外的天空发呆，天马行空地想象自己是一个被巫婆囚禁在高塔的公主。一边上学，一边治疗，丹露的童年记忆里飘满了呕吐物的酸腐气息。

丹露能活到16岁真的不容易。有一次，她听见邻居背着她轻声议论："这个小姑娘生命有限……"她居然没哭，一扭身跑回家，把弟弟正在玩的积木全都捋到地上……丹露10岁那年，有了弟弟。别的同学都没有弟妹，只有丹露有，就是因为她"生命有限"吧？因为弟弟，丹露心里仿佛有了一个结。去年的夏天，父母带小弟去云南旅行，却没有带上她，丹露的不快在脸上整整写了一个月。十多岁的丹露，心灵好像裸露着，哪怕稍微被人碰一下，也会痛、会凉。

于是，妈妈对丹露说话总是很小心，好像亏欠了她什么。看着妈妈小心翼翼的神色，丹露也会隐隐内疚。她知道自己总是阴晴不定，常常的，前一秒钟还是笑嘻嘻的，转瞬间就会变脸。发泄完乱糟糟的情绪后，又暗暗后悔自己的不理智。可她控制不住自己，她的情绪仿佛不是她的，而是被一只无形的手掌控着。

但她极少哭，在那件事情发生以前，她从来不知道自己会有那么多的眼泪。

住在秋枫公寓的那户人家姓楚，妈妈是楚家的钟点工。妈妈下岗后一直在楚家帮忙，有三年了吧，据说楚家对妈妈很不错。楚家的男主人是一家出版社的编辑，女主人是画家，他们有一个在上小学的儿子，叫楚天。

三天前，丹露接到楚家的电话，请她去做楚天的家教。电话里是很柔美温和的女性的声音："丹露，我们知道你的功课很好，所以想请你做楚天的家教，不知道可不可以？"对方用商量的口吻说，并且没有提到妈妈。丹露愣了一下，转而答应了。去楚家前，爸爸没有忘记再次提醒丹露，楚家一定是看在妈妈的面子上，为了减轻他们家的经济负担，才请丹露去做家教的。

"人家虽然没说，但是我们心里要有数，要感激人家，你一定要好好教啊。"爸爸说。

丹露猜测妈妈一定在楚家面前说了不少关于自己的事情。半年前，妈妈突然提出要带丹露去楚家，说是楚家的主人想见见她。丹露有些别扭，说是不愿意见生人。经妈妈好说歹说才同意。算起来，那是丹露和妈妈最后一次单独出门。

　　从家里到秋枫公寓不过几站路，但要步行的话，至少要花上一个小时。为了节省车钱，妈妈每次都是步行去的，带丹露去的那一次却是坐车的。丹露自己也不明白，那次去楚家的情形怎会记得那么清楚，甚至连路上看到的景致都一一记住了。

　　形状秀美的黛山，在这个城市的任何角落都可以眺望到。去秋枫公寓的 9 路公交车就是绕着黛山开的。上次去的时候，丹露透过车窗看到黛山上层林尽染，秋天的山，丹露还是头一回注意，同样是秋天的叶子，黄得却不一样，有的是棕黄的，有的是金黄的，有的是嫩黄的，还有的是褐色的。那些相似的颜色混杂和过渡着，很有些苍凉的美。那些一排排同样秀美的建筑，衬着山，是一些卖时装和时髦玩意儿的小店，还有素雅的茶庄和格调暧昧的咖啡馆，这一带恐怕是这座城市最美丽优雅的地方了吧。秋枫公寓的确是占尽了地利。

　　那天在楚家，丹露几乎没有说话。楚家的女主人很和气，不停地递东西给她吃。丹露不好意思吃，只喝了一小口饮料。出来的时候，是女主人送出来的。丹露不经意地看到她的眼睛居然有些潮红，当时丹露很纳闷，现在想想，似乎明白了一点。

也就在半年多前，妈妈常常说她的右手臂很痛，抬不起来。家里人没有太在意，都以为是做家务时不小心扭伤了。很多天过去了，那痛却越来越厉害，痛得妈妈整夜睡不着觉。不得已，才去了医院。从医院回来，妈妈却是若无其事的样子，对丹露和弟弟说，她要做个小手术，医生说没关系的。可那天夜里，爸爸妈妈房里的灯却一直亮着，丹露隐约听到有哽咽声断断续续地飘来，只当是在梦里。

　　没过几天，妈妈说要带丹露去秋枫公寓。从秋枫公寓出来，丹露执意不肯坐车，母女俩是走回去的。路过时装店，妈妈很固执地给丹露买了一件 200 元的毛衣，这价格对妈妈来说是天价，200 元，相当于他们全家半个多月的菜金了。毛衣买下了，丹露很心疼，妈妈却显得大大咧咧的。

　　她们沿着路边走，每经过一家店，妈妈都要带丹露进去逛一逛，于是，一个小时的路走了两小时。中途经过一个街心花园，妈妈说要歇一歇，丹露就挽着她坐到了一张石凳上。看得出来，妈妈很想对丹露说些什么，但妈妈是个不太会表达的女人，只是反复说自己没有把丹露照顾好，说得丹露很不自在。妈妈这样的表达，丹露并不习惯。对于妈妈，丹露一直存着又爱又恨的感觉。爱，是因为感激妈妈小时候对自己无微不至的关照；恨，是妒忌她对小弟的偏爱。上了中学，丹露跟妈妈的话越来越少，尤其是直白地表达感情的话。她的话都对日记说了。

"你怪妈妈吗？"妈妈问丹露。可能是为了减轻疼痛的缘故，她将身体尽量前倾，表情有些不自然。

"唔，不……"丹露并没有说真话。父母带小弟去云南旅行这件事，丹露心里还记恨着。

"是因为你的身体，我们不敢带你走得太远。"看来妈妈明白丹露的心思。

其实，丹露自己也不明白那些不如意究竟是为了什么。那一阵，丹露对一切都充满迷茫和不满意，大人的话听来都很虚伪。媒体上一宣传模范人物，她就嗤之以鼻，是真的吗？他们那么做的动机是什么？迷惘啊，迷惘，不在16岁爆发，就在16岁里灭亡……丹露在日记里振振有词。

她们在石凳上坐了一会儿，妈妈说冷，又站起来继续朝前走。刚走两步，妈妈从后面叫住丹露。丹露回转身子，妈妈退后两步，认真地看了丹露一眼，眼里流露出一抹忧伤的神情。

"丹露，你越发长得好看了。"

丹露垂着眼皮说："是吗？"

丹露觉得，今天妈妈的言行都怪兮兮的，和往常总有些不一样。没过几天，丹露就明白了其中的原委。

妈妈接受了手术，手术的结果显示是乳腺癌晚期。这个结果是爸爸打电话告诉丹露的。丹露长久地拿着电话，一动也不动。长这么大，丹露第一次体会到，原来身体真的会有被掏空的感觉，眼泪是在一瞬间流满脸颊的。

已经过了中午，丹露离开电话亭，一个人穿过空荡荡的操场，仿佛走在空旷的沙漠上。丹露已经看到了不远的将来，她心里明白即将到来的是什么。是深刻的惶恐和失去。纵然对妈妈有千般不满，也抵不过血肉相连的母女亲情啊！

那几天，丹露脑子里涌满了母亲曾经对她的"好"。

小的时候，是妈妈背着她风里来雨里去地求医问药；上小学了，是妈妈每天蹬着自行车送她上下学；就连每天的午饭，也都是妈妈亲自送到学校来的。那时候，丹露和妈妈几乎无话不说，只是在这几年，和妈妈的关系才变得微妙起来。

这种变化是什么时候开始的呢？丹露也记不真切了。看到班上的女生一件接一件地买名牌服装，看到那些学习并不比她强的同学攀比着父母的官职，当他们炫耀地议论着刚刚跟父母去过哪家时髦餐厅，丹露的心里的确是划过隐隐的不快和羡慕的，并对自己的父母生出令自己颇感歉意的不满。丹露最羡慕的是荞，荞有一位著名的母亲，她的妈妈是公众人物，写畅销的书，常常在谈话节目中露面。在屏幕上，荞的妈妈优雅而得体。她来学校开家长会，不但被学生们簇拥，连家长们都要拿出本子请她签名。有这样的妈妈，荞能不幸福吗？当然，所有这些想法，丹露在妈妈面前丝毫没有流露。她们之间只是隔着层道不明的东西，仿佛什么也没有，又仿佛什么都有了。

知道妈妈患病的消息，那层东西不知怎的，就忽然消失了。以后的日子，丹露变得特别敏感，害怕触及和死亡相关的一切。一看到寿品店就绕道走，看到臂上戴黑纱的人就避开，甚至回避着班上的同学小薇，因为小薇的妈妈就是死于癌症的。

出了秋枫公寓，阵雨就下起来了。丹露撑开伞，走到雨中。她没有赶路的意思，只想在雨里走走。丹露走的，正是半年前妈妈与她一同走过的路。

过了一个冬天，公寓外面已是全然不同的景致。万物仿佛复苏了，围墙上爬山虎的叶子由褐黄色转成了绿色，因为茂密，那绿就显得特别地浓酽。丹露想起来，那天走出秋枫公寓时，妈妈的左手提着楚家女主人送的糕点，糕点盒上缚着的细绳很是精巧，是用艾草的叶子细心地编结成的。丹露曾经想把那盒糕点从妈妈手里接过来，但妈妈不肯，说："我提得动。这盒点心你一定爱吃。"妈妈看起来很高兴。丹露却低着头，没有答话。

在丹露的记忆里，他们家已经有很长时间没吃到过这么精美的点心了。丹露甚至想过，假使没有弟弟，或者自己没有生病，他们家的经济状况或许会好一些。

离秋枫公寓一站路的地方，景致就暗淡和破败下去了。走过那些鳞次栉比的门面漂亮的小店，再往前走，就是一片坑坑洼洼的工地，四周还散落着一些破旧的矮房子。那些矮屋里都住着人，可能正等待着拆迁，屋子内外凌乱的物件都显出主人随时要走的样子。丹露记得，那天有一对母子坐在院子里，母亲正在给儿子喂饭。那母亲的穿着是土气和廉价的，儿子坐的手推车也是好多年前的旧式样，上面的油漆都斑驳了。母亲一边喂饭，一边嘴里哼着歌子，场面很温馨。妈妈从院门口经过，竟停下，呆呆地看，不肯挪步了。

"你小时候，妈妈也是这样喂你的。"妈妈对丹露说。

丹露不懂妈妈怎么会变得这么怀旧，一路上，说了不少让她匪夷所思的话。比如，妈妈突然说，吃多少苦都不要紧，要紧的是爸爸妈妈都在，有双亲的家庭才是完整的家庭呀。妈妈的一些话，丹露当时大多没有往心里去。直到现在想起来，喉头才感到梗住似的难受。

这一回，丹露又经过了这个地方，可那些破房子都寻不见了。他们定是搬到新居里去了吧？半年过去了，那个手推车里的宝宝或许已经会走路了，趺趺撞撞的。丹露想起弟弟学走路时的样子，那模样真的是十分惹人怜爱的。

其实，丹露并不是真的讨厌弟弟。弟弟的到来给这个原先气氛沉闷的家注入了不少欢笑，先前，因为丹露的病，这个家已经难得有笑容了。对弟弟，丹露是怀着复杂的心情的，只是在自己病着的时候，看到弟弟的活力，对比自己的颓败，难免

黯然神伤、心中生妒。

谁也没想到妈妈会走得这么快——她终究没能熬到这个春天。得知妈妈的绝症后,丹露曾经一次又一次地对妈妈说:"您会好的,一定会好的!"丹露也这么告诉自己。直到妈妈去世,丹露都怀着那么一丝侥幸,她从来都不敢真的相信妈妈会这么早地离开自己。

就在一个月前,妈妈已经无法走动了,不得不靠氧气瓶维持呼吸。那天下午,丹露早早地回到家,听见妈妈用细若游丝的声音对她说:"我想下床走走。"

丹露走到妈妈床边,俯下身,轻轻抱住妈妈的肩,扶着她坐起来。好像有很长很长时间没有跟妈妈这样近距离地接触了,以至她几乎生疏了妈妈的气息。丹露可以清楚地摸到妈妈突兀的肩胛骨和肋骨,妈妈的身体无力地靠着她,轻飘得像一片纸。

后来,好不容易将妈妈扶着站起来。丹露听到妈妈的喘息,那么清晰地响在她的耳边。只挪动了两步,妈妈就又瘫软下来了。

再后来,就是医院的白布,是妈妈身上那些正被医生一件一件拆除的抢救器械。丹露疯了似的扑上去,拼命地摇她、唤她,然后跪下来求医生,求求你们,再救救她,她没有死,她的手是热的。你们不信?真的,你们摸摸,她的手是热的!

丹露不敢相信,前晚还是活生生的妈妈就这样走了。前一天晚上，刮了风，病房的窗帘被风吹得一飘一荡。窗外的夜空里覆盖着浓云，云被风追赶着，跑得很快，很仓皇。丹露看看天，隐约有不祥的预感。但她还是握紧妈妈的手，说："妈妈，等你病情稳定了，就接你回家。"

妈妈的脸上罩着氧气罩，一句话也说不出，只是紧紧地拽住丹露的手，眼里流出神往的样子。丹露恨自己，这些温柔的话，为什么不早些对妈妈说。丹露已经习惯了和妈妈赌气，说丧气话，仿佛换一种面孔，就不是她自己了。

妈妈也许早就料到了这一天。从秋枫公寓回来后，妈妈就有意无意地教丹露煮饭、做菜；还教她将家里的收入和支出记账；教她将不同季节的衣物分类放置。丹露漫不经心地学着，心里还嘀咕过，爸爸向来都干不好家务，弟弟才六岁，妈妈是在找接班人呀。直到妈妈卧床不起了，丹露才如梦方醒：妈妈真的是在交代什么，甚至，把丹露以后的成长也托付好了。

直到楚家女主人打电话来，丹露才知道她叫尔桐，一个有些奇怪的名字。

楚天很乖，很多题不用丹露教，他就能迅速给出正确的答案。离开时，尔桐拿出 50 元塞进丹露的手心，说是她教课的薪水。丹露说："楚天，他很聪明的，根本就不用家教。"

"是吗？"尔桐却是不置可否的样子，"那可能是因为你教得好，才让他开窍了。平时，他很笨的。”

楚天听见了，噘起嘴，走进房间里去。尔桐笑笑，拉过丹露，欲言又止的样子。

“你妈妈她……”尔桐犹豫了一会儿，才说，“我跟你妈妈特别聊得来，其实她最放不下的还是你……”

丹露低下头，眼睛里不自觉地蒙了一层雾水。

“你妈妈很多次问我，‘怎么才能让丹露跟我亲近呢？’她老说，‘这孩子好像心里有个结，越大就越跟我疏远了。有时候，我很想像小时候那样抱抱她，丹露小时候总是粘着我的，现在大了，我反而不知道怎么让她开心了。你知道吗？上次没有带丹露去云南，我心里内疚得不得了，后悔得不得了。丹露没说，但我心里知道，这孩子不乐意，伤心了。我怎么就没有想周全呢？我想跟她说，可刚提一个字，她就转移话题了。除了这件事，还有其他事儿。我们母女，说话的机会太少，我又不知道怎么说，生怕说得不好，把事情弄得更糟。如果哪天我不在了，最牵挂的，就是丹露……’”尔桐说着，眼睛也红了，“我是做妈妈的，特别理解你妈妈的心情。丹露，其实你妈妈真的是非常非常喜欢你呀。”

丹露忍不住啜泣起来。

这一路上，尔桐的话一直在丹露耳边回响。这回，同样的路，已经没有妈妈的陪伴了。走到那座下面流淌着小河的小桥上，丹露停住了脚步。上次，妈妈靠在桥栏杆上歇过脚。丹露很清楚地记得妈妈靠过的那个地方。那个地方被调皮的小孩用粉笔画了画，是鬼模鬼样的一张脸，乱糟糟的头发，脸上有迸溅的豆大的眼泪。那次，妈妈还仔细端详了那幅画，说丹露小时候也在墙上画过类似的"杰作"。现在，那张脸的轮廓早已找不见了，但是居然能依稀辨认出几根短短的白色的线条。这一看，时空似乎在瞬间倒流了。丹露呆呆地站在雨里，泪水滂沱地哭起来。妈妈的葬礼上，丹露都没有这么恣意地哭过。此刻，丹露听任泪水流淌，她真的难以相信，她与妈妈的沟通，难道是以妈妈的死来做为代价的吗？她期待的成长，难道是在这一刻才完成的吗？

雨水渐渐有了止歇的意思，只见西天的天际处，慢慢地开晴了。那个方向，正是家的方向。

世界美如斯

生活不再神秘，我们却从未停止期待。

我们没有时间孤独，我们只有欢乐的时间。

——题记

世界另一端

我已经死了。

当脚尖离开阳台的一刹那，我就已经后悔了。可是，我的身体却化作一枚羽毛，乘风而飞。这并不是沉重的坠落，而是飞翔。但我终究不是飞鸟，我要去投向大地的怀抱。

碧桃、黄杨、紫薇、香椿，夕阳的金黄在大片的绿荫上闪耀，它们微笑着迎向我，那浓得化不开的绿在我眼前招摇。还有底楼围墙上的黑色"长矛"，正向我发出狰狞的警告。

我挣扎。

我坠落。

即便此时心中有万千个悔，我依然无法掌控自己的身体，无法让自己回到那个温暖的窗口。

假如真的有天使，她会看见我的身体在空中划出一道优美的向右偏离的弧线，仿佛闪电在夜空里打出的惊叹号。我的衣服轻轻擦过一棵小小的香椿树冠，树枝噼噼啪啪断裂，我听见那棵树低低的呻吟。

我静静地仰卧在树下，一只脚挂在树杈上，脸上却带着似有似无的笑。我在瞬间跌入无边的黑暗，浓得化不开的黑像蛇一样将我紧紧缠绕。

我的周围响起了惊叫、纷沓的脚步声、绝望的唏嘘与哭号。

我的骨头碎了，脑袋浸在鲜血和脑浆里。我试图从饱受痛苦的身体里挣扎出来，再看一眼抱着我哭号的爸爸，再跟他开个无伤大雅的玩笑，可是无济于事。爸爸脱下白衬衣，疯狂擦拭我沾满血水的脑袋。他抽打我的脸，像一个疯子。他的样子变得我完全不认得了。爸爸，对不起，哦，还有妈妈。

爸、妈：

　　对不起，我不孝。请你们好好活，忘记我。

我留给爸妈的遗书只有这两句话。我最爱你们，在我离开

这个世界的时候，留给你们的话却最吝啬。我不知道该说什么，不知道该说什么来回报你们养育我 13 年的爱。我憎恶语言，语言可以是蜜，也可以是杀人的利器。就在我坠落的一个小时前，我已经被语言的匕首戳得遍体鳞伤。那一刻我心上的痛远远超过肉体所受的折磨，整个世界都挤压在我心上的某个点，让我无处可逃。

但我只能选择用语言来向这个世界告别，向爱我和不爱我的人做个交代。

致同学们：

　　我做了很多错事，伤害了你们。在这里，向你们说对不起。

　　谢谢你们陪我度过两年，即便死了，我也不会忘记的。

　　希望你们能比我快乐。

　　原来想了很多很多要说的，提笔，却全部忘记了。

　　那么，再见。

同学　沈若雯

致方老师：

　　只是一念之差，我就这样决定了。

再过 7 天，也就是 6 月 20 日，是我 13 岁生日。

我多希望可以快乐地过一辈子。

其实我是活该，我是自己见过的最肮脏的人。我若留下来，是对同学们的污染，我明白。

我做了很多不该做的事。早就想死了，这样，也挺好。

我只是希望，可以用生命的代价来弥补我曾犯下的错，不论别人是否原谅，我都不会原谅自己。

我真的很脏，很坏。

没有太多想说的了。

谢谢你。

学生　沈若雯

这就是所谓的"遗书"。我生命最后时刻的急就章。它们或许会像我的作文一样在课堂上或者其他我意想不到的场合被朗读，而朗读者又将用怎样的语调来念这些句子？

对于这个世界，每个人都是匆匆的过客，仿佛流星划过天际。我留下的轨迹虽然短促，但我存在的每个日子都是明亮的。我在明亮的时间里像飞鸟一样滑翔。现在，我坠入黑暗。尽管，我是多么不舍！

人们都说我过得很快乐。我是家人和同学们的开心果。我总是面带微笑、充满阳光。在班上，我大概是最不受父母管束的一个。爸妈民主开明，从不限定我玩电脑、看 NBA 球赛转播的自由。他们都是研究生毕业，20 年前离开家乡来到这座大都市求学打拼，他们懂得这个年龄的我需要什么。刚上初一，爸妈和我约法三章："信任、向上、不偷看。"这三条，我最中意"不偷看"，无论是日记、QQ 空间还是手机短信，我都不用担心被偷窥。可是，我并没有向千秋描述我对爸妈的不满。我习惯把笑容给别人，把眼泪吞进肚子里。

千秋说："我真想和你交换爸妈！"千秋是我最好的朋友，不，只能说曾经是我最好的朋友。眼下，假如她知道我已远离这个世界，会不会后悔和我曾在校门口声嘶力竭地争吵，会不会还想和我交换爸妈？

这个世界会否因为我的离开有所不同？会否让讨厌我的人真正释然？在最后一节课短暂却带有毁灭性的痛楚中，我知道自己终将走上这条不归路。从十楼跃下的那一瞬，我后悔了，可我又感受到某种轻松。这是一条通往天堂的路吧，我在飞翔中看见自己的梦碎裂成万千飘舞的金箔，它们迷蒙了我的眼，渐渐融入傍晚的血色夕阳。

千万个问

雯儿，你为什么要这样做？！

是什么让你如此决绝地走上不归路？

你把一个难解的谜抛给了最爱你的爸爸妈妈，你知道自己有多残忍？

爸爸永远记得那个早晨，到死都不会忘记。像往常一样，我开车载你去上学。我们沿着绿荫葱茏的街道，一路向西。你在我身边有说有笑。

"疙瘩解开了吗？"我问你。

"Everything is OK!（一切安好！）"你的音调又轻快得像只小鸟了。

关于那个疙瘩，我们心照不宣。这些日子，你曾愁眉不展，因为你珍视的友谊遭到了背叛。

爸爸是一个大人。在大人眼里，对小孩子来说，没有什么坎是大不了的。我们习惯用轻描淡写来化解你的烦恼。而你，一个生性乐天的女孩，我们不相信，你会被一点小烦恼缚住手脚。

前一天晚上，你房间里的灯久久不熄，你面对着作业本发呆。妈妈问你出了什么事，你只是摇头。

经不住妈妈和我的轮番追问，你才道出原委：原来你与最好的朋友千秋的友谊发生了危机。千秋泄露了你的秘密。你们曾经约定除了彼此，谁都不告诉。千秋不但传播了秘密，在你找她对质后，她却在给别人发的短信里侮辱了你。你不肯说千秋骂了你什么，你只是一脸困惑，反复问道："好朋友怎么可以这样？"

我们没有问，千秋泄露了你的什么秘密。我们以为这是对你的尊重。可是，我们真该问一问。我们小看了大人眼里的小伤害对未经世事的你，却可能是过不去的鸿沟。我们只专注于解决你眼前的问题。

是啊，在你眼里，所有人都应该像你一样，单纯、透明、热情、赤诚，你的世界是纯色的，没有阴霾、虚假和躲闪的敷衍。

妈妈告诉你，世界有多种颜色，朋友也是一样，有各种类型。长大的过程中会认识不同类型的朋友，你也会渐渐明白用什么样的方式去与他们相处。

你是一个早慧的孩子。你爱读书，小小年纪，已经熟读了曹雪芹杜拉斯村上春树和茨威格，可你未必能感同身受那些文学里的世界。你无法明白，一个人的长大不仅依赖书本，更需要去经历，需要付出泪水的代价。

你和我们的交流平等真诚。熄灯前，你长长呼出一口气："我要好好学习！"这一声轻微的叹息让我和你妈妈松了口气。一场友情危机似乎是过去了。

现在，太阳照常升起。你又在我身旁嬉笑了。

学校到了。你跳下车，问我："老爸，你的胃不疼了吗？"这些日子，我的老胃病又犯了，你总是体贴地嘘寒问暖。

"不疼了。"我说。

你灿烂一笑："再见！"便背着书包奔进了校门。

这一天，爸爸一直都想着你。

送完你，我去中医院配了胃药，又急匆匆赶回家。中午前，工人来家里安装新买的液晶彩电，这是你盼望已久的电视机。我心想，晚上就能和我的雯儿一起看新电视了。亲爱的雯儿，你是我和你妈妈的全部，自从你来到这个世界，就彻底改变了我们的生活。无论遭遇什么，只要想到你，我们心里都会甜。

下午，我又去菜场买了你最爱吃的基围虾和芦蒿。五点，你回家时，我已经在厨房里准备晚饭了。

这个傍晚和平常没什么两样。不，是我太粗心，我没有察觉到进门的你心里已经掀起了惊涛骇浪，不，可能在那时你已经心如死灰。

我背对着你说："雯儿，电脑关不上了，你去看看有什么问题。"

从房间里传来你的声音："有病毒，打个补丁就行了。"

过了一会儿，你又说："今天作业多，我去做作业了。"

我打趣道："那好，早点做作业，早点吃饭，早点看电视。"

我听见你把门阖上的声音。

这以后的短短几分钟，现在想来却是万分漫长。那段时间已经化作了滔滔洪水，将你与我们相隔，你把自己囚在了对岸，在你身后，是渺茫的虚空和绝望。

我把炒好的芦蒿端上桌，电话铃响了。是你的同桌小雪打来的，她问："沈若雯在家吗？"

我说："在。"又随口问了一句："你有什么事吗？"

话音未落，小雪就把电话挂了。

我心里一惊，忙叫道："雯儿，小雪的电话你怎么不接？"

没有回答。

你的房门开着，台灯却暗着。我以为你在卧室里看电视，可是那里也没有人。转身出来时，我一眼看到阳台上有一把椅子，心里再次一惊，奔到阳台伸头一看，你已经跳下去了……

我疯了一样大叫，狂奔下楼，掏出手机拨打"120"。奔到楼下，看到你已被保安托着放在花坛边的小路上。我紧紧地抱住你大叫。雯儿啊，你挺过来啊，你挺过来。可是你再也不理睬我了。我口对口徒劳地给你做人工呼吸。这时"120"来了，一番抢救后，医生摇摇头。我脱下白衬衣擦拭你脸上的鲜血，邻居递过来一块湿纱巾说："用这个擦擦吧。"

我一边擦一边端详你，你躺在我怀里，像睡着了一样，乖乖的。

可是，我的雯儿，这究竟是为什么？！

是什么让你放弃了挚爱的爸妈，放弃了宝贵的生命，放弃了整个世界？

我千万次追问。

风呼呼地吹，却没有答案。

我是千秋

我是千秋。曾经是沈若雯最好的朋友。

这些天，我每晚都会梦见沈若雯。她穿白衣，扇着翅膀从我窗前飞过。她的脸上带着笑，我甚至听到她的笑声，那笑声叮叮咚咚撒在房间的角落里。然后我就惊醒了，睁眼到天亮。从学校回来，我就躺在床上，也不想吃饭。妈妈说我像变了一个人，她担心我。

我在寂静中与沈若雯对话：离开我们的日子，你还习惯吗？我特别不习惯，你知道我有多想你吗？你知道我有多后悔？你肯定不知道。我特别恨我自己，为什么没有多看你两眼；我特别恨我自己，为什么没有多听听你的声音；我特别恨我自己，为什么要和你争吵，说了那么多不该说的话。可是，容不得我后悔，一切都来不及了。校园的水杉树下再也不会有我俩秘密的耳语，再也不会有校门口那场让我追悔莫及的争吵。

那天在校门口，我说了什么，沈若雯又说了什么？

我们仿佛被上帝昏乱的指头点到，成了彼此眼中的陌生人。

"你为什么要背叛我？"她的眼睛红红的，质问我，"为什么要把我的秘密说出去？"

　　她的样子好吓人。我的心里堵得慌，脱口而出："那是你自作自受！"

　　两个月前，沈若雯给我看了她的日记。有一篇是写给初三的 W 的，原谅我，我只能用 W 来代替那个人的名字。直到沈若雯离开这个世界，W 或许都还蒙在鼓里。他永远都不会知道沈若雯为他写过如此美丽的文字。她在日记里写，他比同龄的男孩成熟得多。她喜欢看他默默地背着书包穿过水杉树林的背影；看他站在宣传橱窗前，脸上带着沉思的表情……她在远处偷看，期待他回头，给她捎来意味深长的一瞥……

　　日记的风格和平常活泼的她判若两人。沈若雯说，W 永远都不会知道她的心事。

　　她让我发誓决不说出去。我答应了。

　　可是，事情的发展难以预料。不久之后，便发生了"手机事件"。

　　那个星期三的中午，沈若雯的同桌小雪突然向班主任方老师报告，说她的手机不见了。

　　最近班上出了不少事，期中考试我们班的总分落到了年级最末，两个男生在校园里打架给校长撞见了，上课纪律也有些混乱，任课老师告状不断。进入了初夏，大家心里仿佛有什么蛰伏的东西苏醒了，有一点动荡，也有一点不安。面对一连串的麻烦，方老师焦头烂额。我们几乎每天都要被她训话。方老师教语文，性格特别爽利，说话像炒豆子，直来直去。说实话，我们都怕她。她说话的音调很高，很有穿透力，据别班的同学说，她训我们的声音穿墙而过，在操场上都能听见。

偏偏在这个节骨眼上，小雪的手机又不见了。

方老师的脸色像是挂了霜，她关上教室的前后门，说："谁都不准出去。"

答案很快水落石出。

方老师让同桌互相翻检书包和衣服口袋，大家只好象征性地做了。谁都没有想到，居然在沈若雯的书包里找出了小雪的手机。连小雪自己也愣住了。

沈若雯满脸通红地站起来，嗫嚅道："我只是想借她的手机发短信。"沈若雯是学习委员，在她身上发生这样的事当然令人感到意外。

是的，她真倒霉，她只是偷偷拿了小雪的手机发短信。还没来得及还回去，小雪就向方老师报告了。而方老师呢，马上心急火燎轻而易举地破了"案"。

可是，沈若雯为什么要偷拿小雪的手机发短信？她自己的手机呢？

据沈若雯解释说是因为期中考试没有考好，被她妈妈没收了。

她又是给谁发短信呢？是谁值得她不惜冒险偷拿别人的手机来联络？

小雪的手机上显示了收信人号码，还有匆忙间发出的一条不完整的短信，大意是讨论上午的 NBA 球赛的比分，并没有特别的内容。

可当天放学前，方老师就把沈若雯的爸爸妈妈请来了学校。据说，当时沈若雯在办公室里哭得很伤心，因为她的妈妈说她触及了道德底线。"做人要有底线！"在场的小雪学沈若雯妈妈的话给我听，我们都觉得那句话很严重。

那以后的一段日子，沈若雯都很沮丧，她把 QQ 空间的底色也换成了黑灰色，每天在上面写一些颓废的文字。我们之间的交往也有了些微妙的变化，有时放学，她不等我就径自回家了。可以前，我们哪一次不是肩并肩走出校门的？我很纳闷。

后来，小雪几次三番问我，沈若雯究竟发短信给谁。我经不住问，忍不住说出了心里的猜测。也许是初三的一个男生，我说。说出这句话，我心里竟有一丝隐约的快意，也是发泄这些天对沈若雯疏远我的不满。但我发誓，我没有说更多，更没有说出 W 的名字。

不知怎的，我的话传到了沈若雯的耳朵里。她愤怒地找到我质问，于是就有了校门口的争吵……如果没有这场争吵，就不会有那可怕的"最后一课"……

现在，我后悔极了。雯雯，平常我都是这么叫你。我有好多话想对你说，却不知道从何说起。我拼命回想你的样子，恨不得用刀，一笔一画将你印刻在我心里，一辈子不忘。假如有来生，我还会做你的好朋友。一定要记住，以后在那个世界，只准快乐，不准伤心。

最后一课

我是小雪。

我一直在伤心地回忆有关她的一切。我身边的座位空着，仿佛在提醒我，以后再也见不到她了，见不到她露出两颗小虎牙，放肆地冲我笑，也听不到她说话的声音。她像一个热烈的小太阳，走到哪里都有生气。现在，她却永远地沉默了。

放学后的校门口像往常一样热闹和甜蜜。铁板上的鱿鱼串吱吱地冒着烟，卖凉粉的阿姨正往刨成丝的凉粉上撒黄瓜丝和榨菜末，商店里的小东西琳琅满目地挤到街边来了，还有老婆婆晒太阳的长条板凳整齐地排着队……所有这些，她都看不到闻不到了。

妈妈买回来两斤蚕豆，我帮着剥豆。剥完豆，我挑了最大的两颗，心里面想着她，在上面用小刀分别刻上"幸福"和"开心"。我把它们埋在了泥土里，来年它们会发芽吗？希望天堂里的她不寂寞。

那个关键时刻，是我给沈若雯家里打了电话。是方老师让我打的。因为我告诉方老师，放学后，沈若雯神色低落地对我说："可能明天，你们再也见不到我了。"她的眼睛肿得像核桃。

我被她的话吓了一跳。走出校门后还是返身折了回去。听了我的话，方老师怔了一会儿。我无法描述她的表情，她的胸口好像被什么东西猛击了一下，脸色倏地煞白。从沈若雯离开学校，到我给她家里打电话，不过半个小时。

几乎是同时，方老师的手机响了。她听着电话，电话可能是沈若雯爸爸打来的。方老师的手不由自主地颤抖，身体向后倒去，虚脱地靠在一面墙上。她什么也没说，跌跌撞撞地向门外走去。

我后来才知道，方老师是准备去沈若雯的家，但她最终没有走到。她没走几步，便再也迈不动步子了，瘫软在学校附近。

沈若雯死了。是跳楼死的。就在她对我说了那句话的半个小时后。

不断地有人来问我同一个问题，沈若雯的最后一课上发生了什么？

那节课上发生了什么？班上的所有人都经历了。但我们都低着头，没有人敢抬头看。

这本来是节自修课。在平常，我们都是各写各的作业，方老师则坐在讲台前批改作业，也会即兴叫人上去沟通习题。这样的课一般比较闲散安静，但那天气氛却很不一样。

方老师走进教室时脸色就很难看，她神色严肃地评点了当天我们的表现，并没有让我们马上自修，而是说："今天，我们还有些事情需要处理。"

我感觉到同桌沈若雯的异样，她始终沉默着，低头用手指绞着自己的衬衫前襟，那里已经被她揉得皱巴巴的。

她低低地说了声："那就处理吧。"我才意识到方老师说的事情和沈若雯有关。

果然，方老师接下来的话就直指沈若雯。

"昨天，沈若雯和千秋在校门口吵架吵得很厉害，对我们班造成了不良影响。"方老师尖脆的声音撞击着墙壁。

沈若雯沉默。

"我今天上午找她们两个人都谈了。千秋认识到自己的错，但沈若雯的态度并不好。"方老师说。

然后，方老师点了千秋的名字，让她走到讲台旁边来，打开班上的公用电脑。所有人都如临大敌，明白一场暴风骤雨即将来临。

方老师要千秋打开的是沈若雯的 QQ 空间，她的空间密码几个好朋友都知道。但是，教室里的网络不好，空间无法打开。于是方老师说，去办公室吧。

千秋跟着方老师去了她的办公室,前后大约十来分钟。我心里纳闷,为什么沈若雯的空间非得千秋来打开。

这十来分钟,坐在我身边的沈若雯始终低头沉默。我问她究竟是怎么回事,她像没听见一样,干脆趴在桌上闭上了眼睛。

十分钟后,方老师和千秋回到了教室。方老师脸色涨得通红,手里挥舞着一张 A4 打印纸。我们都猜到,那一定是 QQ 空间里的文字。

千秋尴尬地站在讲台的左边,像是罚站。

沈若雯仍旧没有抬头。

方老师盯着沈若雯看,一字一句地说:"沈若雯,你上来。"

沈若雯抬起头,从座位上站起来,慢慢地走了上去,站在了讲台的右边。

我替她捏了一把汗。尽管并不知道发生了什么,但凭着对方老师的了解,我有不祥的预感。

方老师看了一眼手上的 A4 纸,说:"你能不能告诉我在QQ 空间上对千秋说了些什么?"

沈若雯没有回答。

方老师继续说:"什么叫'我对你够好了,没有让你缺胳膊断腿儿'?"

沈若雯仿佛是随口回答:"只是恐吓她而已。"

方老师说:"你应该知道恐吓的分量和含义,如果你是成年人的话，恐吓就成为犯罪了。其实每个人出生时都是好人，都没有问题。但是为什么现在会有监狱？监狱就是为你这样的人准备的。"

沈若雯不吱声，眼睛红了。

方老师又说："你这样和同学闹矛盾，是不是不想在这个班、在这个学校待了？"

沈若雯摇了摇头，还是没有吱声。

"你是中队委员，你很聪明，在学习上确实没有大问题，而且你的爸爸妈妈还是很关心你的，就像他们跟我提到过的，如果你学习没问题，就把手机还给你。他们现在不是遵守了他们的承诺了吗？

这时沈若雯抽泣起来："我是有手机了，那又怎么样。他们也就只关心我的学习成绩，一天到晚就是叫我做练习，其他什么都不管，我也懒得跟他们多说。"

方老师提高了嗓音："这个问题我会帮助你与你的爸爸妈妈沟通的。你先反省自己，你是很会写，却把长处用在恐吓别人身上，用在说朋友坏话、诋毁别人身上。让大家看看你都写了什么！"

她把 A4 纸扔到沈若雯脸上："你这样做真的很坏、很脏，你在这个班上，会污染其他人……"

沈若雯蹲下来，抱住自己的身体，无声地哭。

方老师却没有停止："沈若雯，你不要挑战我的极限，也不要考验我的耐心，更不要用死来吓唬我！"

后来，我才知道，这些话是和沈若雯的 QQ 空间一一对应的。她的空间里写过类似的句子："如果方老师再这样对我，我就流浪到你家混混，不行的话，我就跳楼。你到我的房间把东西收拾好，我到阴间好享用⋯⋯"

但在当时，大家只敢眼观鼻、鼻观心，佯装埋头写作业。方老师的声音一下一下挠在我心上，就像小猫抓，让我时不时打冷战。

沈若雯一言不发，哭个不停。

方老师的训斥持续了将近半个小时，好不容易挨到下课铃响，大家心里都松了一口气。沈若雯哽咽着回到我身边，我不敢看她，也不敢和她说话。

准备离开时，她幽幽地对我说了一句："可能明天，你们再也见不到我了。"

无数陌生人

对于整桩事件，我是一个陌生人。

无数的陌生人置身于事件之外，但又不得不身处其中，去追问、去探究。

那个七月的深夜，已经有了酷暑的燠（āo）热与潮湿。我正准备入睡，手机突然响了一下，是一条短信。发信人是一位我久未联系的老友，姓沈。他就是沈若雯的爸爸。短信说，请你看看某月某日的某报报道，落款是自杀女孩的父亲。

　　于是，我才知道了沈若雯。知道了一个月前，一个13岁女孩生命里的黑夜和她父母撕心裂肺的绝望。

　　这个女孩在死后并没有得到平静，围绕着她的死，是一连串的调查、问责和无休止的追查。她的葬礼拖到死后一个月才举行。

　　我去了沈若雯的葬礼。

　　那天天气酷热，沈若雯的妈妈穿了件黑绉纱、黑花边的裙子，四十出头的年纪，头发在一个月里花白了。她爸爸浓密的头发也剃光了，乍一见，几乎认不出来。女儿走后的日子，夫妻两人的世界陡然换了人间。

　　念完悼词后，沈若雯的爸爸妈妈将一枝鲜红色的康乃馨轻轻放在水晶棺木上。开了冷气的吊唁厅里站满了人，多半是大人，偶见几个面色苍白泪流满面的孩子，他们一定是沈若雯的同学。但我没有看见沈若雯的班主任方老师。

　　敞开的门外，不断有热气涌进来。

　　夏天最厉害的暑热来临了。

　　葬礼是平静的，没有仇恨，也没有哭天抢地的场面。半个小时后，我们默默地离开。眼前的大理石广场被太阳晒得明晃晃的，仿佛雪霁后的原野，凄白而苍凉。

我想起我自己。

大约 6 岁那年的某天，我做错了事，被母亲痛骂了一番。母亲说了什么，我现在全然不记得了。但还清晰记得当时的心情，我憎恶自己，觉得自己很脏很坏（恰如沈若雯生前得到的评价），有那么一刻，我感受到了灰暗的绝望。我悄悄地离开了房间，来到厨房，从抽屉里摸出一把水果刀。我试着用水果刀的尖端去刺自己的胸口，"我不想活了"，心里涌出这个念头的同时，眼泪唰唰地下来了。

6 岁的小孩子，并不懂得生死之艰难，却也懂得永远的了断是种解脱和对自己的惩罚。水果刀并没有刺进去，因为穿的衣服太厚，也因为毕竟还没有彻底绝望，依然留恋生之美好。

这个世界上，有什么可以让我们彻底断念呢？

我又想起高中时的一个男生。高二那年，男孩罹患胰腺癌。他的生命犹如蜡烛最后的火苗，孱弱飘摇。病床上，他全然变了模样，干瘪蜡黄，犹如一片枯叶埋在雪白的被单里。在这枯槁的外表下，却勃动着一颗 17 岁少年渴求生命的鲜活的心！

从男孩的葬礼出来，眼看焚尸炉的烟囱飘出清白的烟，那烟很快和天上的云丝融合在一起。当年 17 岁的我心里除了巨大的悲伤，还充满了巨大的不相信和不可思议。

生命，它是多么多么的重；可它，又是多么多么的轻。

沈若雯在照片上灿烂地笑着，她微眯着眼睛，眼神清澈地看着她离开后的世界，却把一连串问号抛给活着的人，也把永无止境的伤痛留给挚爱她的亲人。

我相信，这个 13 岁女孩的内心一定有着太多不为人知的曲折与奥秘。她走向绝望的路看似只有一个小时，实则漫长而辛苦。

又有谁曾经悉心而体贴地探索过她那段长长的路？

每个人都曾经历过成长。

我只愿，每个大人都不要忘记自己年少时曾有的懵懂、彷徨、困惑和不可理喻；每个成长中的孩子，都要相信自己的美好与清白。

这个世界美妙与丑恶并存，长大的过程，走的何尝不是一条披荆斩棘的道路？又怎能甘心走了一半就先输给自己？

沈若雯去了天堂，但是，世界美好如旧。

阳光会覆盖所有的阴影。

让欢乐伴随着美好的音符都来吧！尽情地拥抱它们，当你年少时。

花期

丑丑

　　赵小营睡觉前又跑到院子里去看了一眼丑丑。丑丑的睡姿让赵小营想起家门口被扫到沟渠里的一小堆落叶，它蜷曲着，头和四肢都埋在身体里，长而油黄的皮毛遮住了它俏皮的脸。

　　他在暗夜里倾听丑丑轻微的鼾声。这种类似于幼儿梦吃的声音使他获得一种宁静和安全的感觉。他总觉得只有和丑丑在一起，自己身上的每个毛孔才能舒张开，好像鱼儿在水里自由地呼吸。

　　这一段，赵小营越来越习惯于和丑丑待在一起。回到家，进门第一件事就是和丑丑玩耍一番，然后给它准备吃的东西。赵小营做起狗食来，那种娴熟的动作让人想起有经验的主妇。拿一个巴掌大的牛奶锅，放进牛奶、肉汤、米饭、火腿之类的，放在微火上轻轻搅动。每每这时，丑丑都会巴巴地蹲在赵小营的脚边，或者急不可待地在旁边转圈、摇尾巴。"死相！"赵小营嗔怪它，这话是母亲经常说给他的，如今他转嫁给丑丑。丑丑可不理这一套，照样叫唤不停，直到把吃食放到它面前。

"小心割下你的舌头！"赵小营假装威胁着，手却去温柔地抚摸丑丑的脑袋，每摸一下，丑丑都要舒服地闭一下眼。"小心割下你的舌头"，每次这么骂完，赵小营都会激灵一下：什么时候学会说这种骂人的话了？陈蒙他们就是这么骂他的。他们欺侮他的时候，要是他赵小营敢还嘴，陈蒙必定要边骂边在他的脑袋上磕一下。

如今，赵小营落下了个奇怪的毛病，只要眼里看不到丑丑，就会心慌。上着课，常常猛然地想起丑丑。丑丑的眼睛像汁水饱满的葡萄，人们形容女孩漂亮都说什么"水汪汪的大眼睛"，"可是再水灵都比不上我家丑丑的眼睛漂亮。"赵小营想。放学了，赵小营逃也似的离开学校，直往家奔。一进门，丑丑就汪汪叫着兴奋地扑上来，在赵小营的脸上一阵狂舔，然后，就温情地看着小主人，呜呜叫着，用舌头一心一意地舔他的手心。

丑丑的话赵小营懂，丑丑在说它想他了。有一回，赵小营跟父亲回了趟老家，几天不见，丑丑一见他就激动得不知如何是好，跳上跳下的，连小便都失禁了。

别人都把狗当作宠物，但赵小营觉得丑丑根本就不是一条狗，它是他的伴儿。赵小营把丑丑捡来的时候，它才断奶不久。赵小营记得那天正下着小雨，天阴沉沉的。他从学校出来，拐进那条狭窄的清水弄。他没打伞，埋着头踢石子玩，雨星子像小猫爪子一样温柔地挠他的脸，他舒服极了。后来，他一脚踢斜了，石子撞在墙根上，给反弹回来。他过去一看，见墙根那儿放着个篮子，里面躺着一只还没睁开眼的小狗。那小狗的身体都给淋湿了，冻得直打哆嗦。赵小营蹲下来，呆呆地看了一会儿，决定把那只小狗带走。那小狗的脸一半黑一半白，像个小丑，赵小营就给它取名叫"丑丑"。

丑丑来了以后，足足叫了四天四夜才算是认了命，把赵小营当作自己的亲人了。后来，赵小营听邻居齐叔说，八成是因为丑丑是条母狗才让主人给扔了。赵小营仰起头问："是母狗怎么啦？"齐叔说："是母狗就得生小狗，烦着呢！丑丑的母亲准是一窝生了不少，这丑丑不但是个母的，还这么难看，主人当然不会喜欢了。"

赵小营想："我就更应该对它好了。"赵小营对丑丑的好让大人有些受不了，他每天睡觉都要把丑丑往被窝里带，还老是躲在角落里跟丑丑说话，有时候，说着说着还会流眼泪。赵小营说："就你跟我好，等你长大了，像一条狼狗那样强壮，我带你去找陈蒙。你就咬他，把他的耳朵咬下来。"丑丑对小主人的宏图大志并未充分领会，它很快就到一边撒欢儿去了。

赵小营远远地对丑丑说："你可千万别不理我，你要不理我，还会有谁理我呢？"

丑丑长到一岁，已经出落得结实俊美、毛色发亮，母亲渐渐发现赵小营跟丑丑的话多了，跟旁人的话却越来越少了，说什么也不让赵小营带着它睡觉了。赵小营拗不过大人，才勉强同意，不过每晚睡觉前都要到丑丑的"睡榻"前告别一番。

从院子里回来，赵小营走到书桌前，目光怔怔地盯在玻璃案板下的一张集体照上。那张照片7寸大小，一束灯光正打在上面，四十多张脸笑容灿烂，唯独他赵小营哭丧着脸，在最后排靠左的位置上蔫蔫地站着。他们身后是校运会的彩色标记和看台。看着这张照片，赵小营就格外想哭。他坐在椅子上，环顾着自己昏暗的小屋子，不明白自己怎么会把照片放在了这种醒目的位置，而且一放就是半年。

那照片的正上方印着一行字"宝成中学初二（1）班第十一届校运会留影"。奇怪的是，这么久了，他都没有留意到它，几乎要将它遗忘了。今天猛地看到它，仿佛触动了他的某根神经，让他莫名地伤心。他依稀想起来，当初把照片压在那里，也是为了提醒自己什么。提醒什么呢？他想不起来了。

赵小营发现自己最近记忆力好像特别差，该记住的老忘，比如课堂上说些什么啦，要求背的课文和英语单词啦，明天该交什么作业之类的，全都没法上心；可那些不该记的却老记着，就像永久地烙刻在记忆的模板上了一样，比如谁谁谁哪天说了侮辱他的话啦，那人当时的表情和动作是什么样的啦，旁人有什么反应啦，谁在一边幸灾乐祸地大笑啦，这些，赵小营一件都没忘，而且全都记在了日记里。

最近的日记是这么写的：

今天张小燕骂我"哑巴"。她问我借橡皮，我没作声。她说了第二遍，我也没作声。我懒得说话，好像动一动舌头都很困难。后来，我把橡皮给她了，她接过橡皮，还是骂了我。汤老师就站在我后面，我相信她听见了，可是她什么也没说，而且好像还笑了。

汤老师说，这次期中考试排在最后十名的要公布名单，还要给家里发通知。我知道我保准排在里面，没准又要挨父亲一顿暴打。上次父亲打我，抽断了一根皮带，后来，母亲又给他买了根新的。想想还是父亲划算。汤老师宣布完，我就觉得胸口堵得慌。下了课，陈蒙故意逛到我座位旁边，示威性地朝我挥挥拳头，说："等着挨揍吧，小子！"其他人也围过来了，他们等着看笑话。陈蒙把我叫到外面，我跟着他去了，我不敢不去。陈蒙说："要不要哥们儿到时候帮帮你，传个条子什么的，免得你再考不及格。"我点点头。陈蒙说："那你就蹲下来把我的皮鞋舔干净！"旁边的人哄笑起来。我不肯舔，他们就来摁我的头……

…………

写这些文字的时候，赵小营满心悲伤和愤懑。这种感觉居然能让人上瘾，越是难受他越是要写，在痛苦中玩味，在假想中报复。赵小营迷恋上了这种痛苦的奇怪的游戏。

从他的窗口可以望见远处渐渐寂寞下来的街道，月亮像被蒙了层宣纸，躲在云层后面，湿冷的夜雾在地面上浮游，路灯和建筑物在雾里变幻不定地动着。几声清冷的汽车喇叭声响起，接下来是呼啸而过的声音。这些声音让赵小营觉得越发的寒冷和孤独。他脱了衣服，钻进被窝躺下。他又听到了丑丑从睡梦里发出的"呜呜"声，但此刻，那温柔的声音不能给他些许安慰。

从什么时候开始有这种感觉的呢？赵小营说不清。他只是清楚地知道自己越来越害怕去学校，害怕和同学说话。想到要去学校，想到要和同学说话，赵小营的心里就会发痒发麻。早晨一醒来，当他整理床铺的时候，那种感觉就重重地袭来，那是一种隐隐的怯惧，是黑暗的噪声，是纠缠着胶着着的虚脱，是无所支撑的枯草，是没有来处的冷风。它可以忍受，但不会麻木，它慢慢地沉积，沉积成淤泥沼泽，一不留神就会陷落和窒息。所以，如果逢到休息天，他宁愿不马上起床，在被窝里多挨一会儿，如果太阳好，就侧过脸，眯着眼睛看窗外。他睡觉从不拉窗帘，这样的话，早晨第一缕光线就会及时地射进来。他的眼珠在眯缝着的眼睑下转动，光线仿佛能穿透薄薄的眼睑，呈现温柔的亮色。这些亮色变幻无穷，有时像马，有时像大象，有时像女孩子的胸脯。母亲不懂赵小营在干什么，看到他赖被窝，就会过来掀他的被子，用冰凉的手摸他的脖子，唤他起床。

母亲说："快起床，还有一大堆功课要做呢，都初二了，要抓紧啊。你的成绩这么差，怕是连技校都考不上，还想我和你爸养你到老啊。"

赵小营不吱声，慢慢吞吞地坐起来。半天憋出一句："你们小时候比我好不到哪里去。"

母亲恼了："你说什么？"

任凭母亲怎么问，赵小营死也不开口了。赵小营说话是很吝啬的，三棍子打不出个闷屁，仿佛他的话是钻石，多说会吃亏似的。对付这种人，你急死也没用。

赵小营把那张运动会的合影从玻璃案板下抽出来，端详了一会儿，然后，将它胡乱对折了，扔到了字纸篓里。这一晚，赵小营脑子里浮现的全是那天校运会的事。它们沉寂了一阵子，忽然的，终于又喧哗起来。

赵小营想起来了，那天，他一到学校就听说姚庭病了。据说病得还不轻，上吐下泻的。姚庭本来要参加接力赛的。汤老师看了看赵小营，有气无力地说，就赵小营上吧。当时赵小营正低着头啃自己的食指，他的右手食指那里因为唾液的浸润已经发白。听汤老师这么一说，赵小营下意识地直了直身子。别看赵小营平时蔫了巴唧的，但他的短跑在班里算是不错的。可组建接力队的时候，却愣是没人提他的名。赵小营左思右想，认定是陈蒙他们故意不让他跑，为此还气愤了一阵。

陈蒙是班上的男生领袖，他父亲是一家外贸公司的董事长。仗着家里有钱，加上自己人高马大，他平常一逮着机会就领着别的男生取笑赵小营。几乎所有外貌丑鄙猥琐的动物都给陈蒙他们拿来嫁接到赵小营身上了，什么"剥皮老鼠"啦，什么"癞皮狗""黄鼠狼"啦，仿佛赵小营生来就和它们是亲戚。到了后来，只要在私下里，赵小营的大名就给人省略了。这还不够，但凡陈蒙他们无聊了，被取乐的准是他赵小营。赵小营清楚地记得，那天刚考完试，他因为中午吃坏了东西有些拉肚子，下课铃一响就往厕所跑。也许是因为天冷，或者是因为考试结束了，人的神经一旦松弛就会有那种反应，反正那天厕所里人特别多，陈蒙也在里面。他见赵小营的脸憋得铁青，额上冒汗，就明白了几分。赵小营佝偻着身子，捂着肚子冲里面的人说："快点啊，我憋不住了。"陈蒙嘻嘻笑着站到赵小营面前，说："憋不住了吧，你先磕头喊我声爷爷，我就让里头的人让你，否则，谁也不许让！"赵小营觉得自己几乎要虚脱了，旁边的人幸灾乐祸地瞧着他，有人笑起来，陈蒙笑得尤其响亮。赵小营两腿一软，勉强做了个磕头的姿势，嘴里含含糊糊地咕哝了一声。陈蒙还不依不饶，非要他大声喊才肯放过他。赵小营眼前发黑，呼吸急促，几乎要晕倒了。他推开陈蒙，不管不顾地冲了进去，身后传来陈蒙的讪笑："拉裤子上了吧，癞皮狗！"

赵小营心里怨恨，却从不敢表现出来。他千百次地想找机会报复陈蒙，但那只是想象而已，从来不可能有勇气变成现实。他只能企望通过别的方式给自己挣一点尊严，但那似乎比报复陈蒙更难。想要在考试成绩上给自己挣脸面？那比登天还难。想吸引女生？那简直是把自己贡献了当笑料。没看班上那群势利女生，全都围着陈蒙转。陈蒙呢，三天两头弄些快过期的进口香水口红之类的小玩意儿来巴结她们，把她们乐得屁颠屁颠的。

现在汤老师让他参加接力赛，赵小营脸上虽没表现出来，心里却着实狂喜了一番。既然汤老师说了，就没人敢反对，赵小营顺理成章地进了接力小组。

比赛的时候，轮到赵小营跑了，前50米他还跑在别人前面。谁知道不消一秒钟，他就被什么东西重重地绊了一下，一个趔趄没站稳，摔在了地上，手里的接力棒也甩出去好几米。初二（1）班的接力赛自然是砸在赵小营身上了。下了赛场，陈蒙就领着几个男生围上来，又是一阵劈头盖脸的耻笑和嘲弄。赵小营先是低头不语，心里比上回在厕所里还难受，后来，他居然不争气地哭了，还哭得很伤心。他骂自己怎么这么倒霉，这么没用，陈蒙他们羞辱他似乎还有道理。这样一想，赵小营就感到了绝望，这种心情比怨恨别人可怕得多，挣扎也是徒劳。

后来，全班合影，赵小营怎么都笑不起来，他被挤到最后一排，靠边站。这种经历对他无异于雪上加霜。所有这些不愉快的体验都被赵小营写在了日记里，每看一遍，都让他心里充满了怨愤和自卑。尽管它带给他痛楚的体验，但他还是忍不住要去看去写。

窗口

只有丑丑,只有这只狗不会嫌弃他、耻笑他,它不会说话,它不势利,它和赵小营亲昵,那是因为他是它的主人,他给它食物,给它抚触,更重要的是它不会说话。赵小营从来没有像现在这样憎恶语言——人类的语言。语言这样东西可以诞生甜蜜,但它更多的功用是制造利剑,用来伤人。没有语言多好,赵小营想,人如果不会说话,就像这狗一样。

除了丑丑,赵小营还有一样安慰,只是他一直都羞于去想、去承认。那就是楼上的白贞子。

白贞子在喜欢狗这一点上和赵小营很相似,自从丑丑来了以后,她三天两头过来看它。冲着这点,赵小营还要感谢丑丑。白贞子今年 17 岁,比赵小营大两岁。

他们居住的那栋房子地处闹市,却是个闹中取静的所在。那是一片新式里弄房子,方方正正的几幢,排得整整齐齐,一律的红墙黑顶,很是悦目。每个门洞里住着四五户人家,共用一个厨房。那种房子遗留着十九世纪中产阶级的小资和优雅情调,到了现在,却被普通人家实实在在的烟火气彻底地改造了。逼仄的公用厨房里挤挤挨挨地围了一圈煤气灶,一到做饭时分,油烟爆炒味就轰轰烈烈地起来了,八角、葱蒜、鸡鸭鱼肉、麻油料酒……连空气都变了颜色。赵小营家住一楼,与厨房相邻,是深受其苦的；白贞子家住三楼，相对好一些。但赵小营家有一扇拱形的宽大窗户，这是旁人家没有的。那窗户正对大门，院子里的一切尽收眼底，包括所有来来往往上楼下楼的人。闲了的时候，赵小营就坐在窗口看"风景"，白贞子是那些"风景"里最耐看的一个。

白贞子在念旅游职校，毕业后是要当导游的。她的长相也很适合当导游，一米六八的身高，纤秀挺拔，脸上有两个酒窝，笑起来好像盛了两杯甜酒。白贞子喜欢戴帽子，不管是夏天还是冬天。赵小营留意数过，她起码有 16 顶帽子，样式和颜色都不一样，她戴帽子帽檐都压得低低的，长发披散在外面，看上去很精神、很特别。白贞子的特别还不单因为她爱戴帽子。赵小营研究了两个月才想出来，她的特别是因为她的眼神和别的女孩不一样，她看人从来不睁大眼睛，而是半眯着，似睁未睁的样子，就像那个唱歌的孙悦。这么做的好处是，既掩盖了她眼睛不够大的缺陷，还让人觉得她脾气很好、很温柔、很女孩子气。赵小营发现，住在附近的男人都喜欢和白贞子说话，这可能和白贞子的眼神有关系。目前，赵小营还没有体会到白贞子眼神的那种好处，他只是想，如果以后白贞子当导游，哪怕去的地方不好玩，也会有人愿意去的，因为看她就可以了。

白贞子常来，赵小营当然高兴。白贞子每次来都会给丑丑带点礼物，那多半是她吃剩的肉骨头和鸡骨头，她把那些骨头装在一个塑料袋里，打开来有点惨不忍睹，但那总是她的心意。逢上她心情好了，会带上一小罐牛奶或者几片熟食店里买来的卤牛肉。

赵小营从来不主动和白贞子说话，只是看着白贞子在一边逗引丑丑。他有点怕她，不知道该怎么开口和她说话，更不知道该说些什么，干脆就不说了。丑丑似乎很欢迎白贞子，一听到她的脚步声，就会兴奋地扒门、摇尾巴。见了她，就迫不及待地趴到她的膝盖上讨好撒欢。

白贞子一来，屋子里就有了生气。

逗完了丑丑，白贞子有时也会想起来逗引一下赵小营。

"你是哑巴吗？为啥不说话。"白贞子说，她的声音沙沙的、哆哆的。同样是说"哑巴"，和那个愚蠢的张小燕一比，白贞子说起来却有了另一层意思。

赵小营看着窗子外面说："没什么……好说的。"

"你知道吗？这丑丑是京巴犬，你从哪儿捡来的？"白贞子问。

赵小营"哦"了一声，仍旧不说话。

"你不要给它吃得太好，吃得太好。它就长得快，又大又肥的，就不好玩了。"白贞子伶牙俐齿地说。

赵小营答应了一声，终于问："那都吃些什么呢？"

"吃肉汤泡饭就可以了。"白贞子说。

"哦。"赵小营应了一声，又埋下头不说话了。

"你这个闷包！"白贞子颇为失落地说。她离开他家的时候，又回过身来大声说了句："赵小营，你以后再这么蔫了巴唧的，我就不来了。"

可是白贞子并没有遵守她的诺言。赵小营仍然像个哑巴似的不吭声，白贞子还是照样来。他在白贞子的指导下给丑丑做狗食，给丑丑洗澡、吹风。

"别忘了，赵小营是你爸，我白贞子是你妈。"白贞子摸着丑丑的脑袋说。丑丑呜呜地叫了两声，温顺地答应了。

白贞子这么说，让赵小营觉得说不出的舒坦。

夏天的一个黄昏，父亲让赵小营到楼上挨家挨户收电费。他们用的是大火表，每个月用下来结算了总数，由几户人家平摊电费。做这件事，赵小营并不乐意。他讨厌和人打交道，讨厌招呼人。赵小营倚在门框上，狼吞虎咽地吃着刚买来的肉包子，他总是先吃肉馅后吃包子皮，此刻他的嘴里正被肉馅堵着。他的父亲看他没反应，便提高嗓门道："听见没有，快去！就知道吃。"赵小营不吭声，咽下最后一口，拿了父亲递过来的纸笔，恹恹无力地上楼去了。

天热，几乎每户人家都大门洞开，门上的布帘被穿堂风吹得飘飘忽忽的，里面的人做些什么也就若隐若现。赵小营弄不懂那些人家为什么这么喜欢大敞着门，就好像穿衣没有扣扣子一样，一点隐私都没有。哪怕天气再热，赵小营都把自己房间的门关得死死的，他怕闹，更怕别人窥探了什么。

收完了齐叔家的电费，赵小营上了三楼。白贞子家在三楼的东头，门边连着一个晒台。晒台上晾了连衣裙T恤衫之类的，还有一两件让人浮想联翩的三角裤和乳罩。赵小营赶快把视线转移到了门上，白贞子在门上贴了一张五颜六色的卡通粘纸，使那扇灰暗的门看起来有了一点生气。门是关着的，赵小营吃不准里面到底有没有人，想敲门，却忽然有点胆怯。他在门前站了一会儿，竖起耳朵，屏息聆听，门里面悄无声息。于是，他鼓足勇气，用手推了推门。没想到，没费吹灰之力，门就无声地开了。

那门缝正对着一面大衣柜的镜子，一道白花花的光线夺门而出。赵小营揉了揉眼睛，定了定神，看见了镜子里的白贞子。这一看，几乎让赵小营晕过去。白贞子只穿着白色的乳罩和内裤，正在比试一条新买的连衣裙。她的长发垂至腰际，眼神迷蒙，面带微笑，那样子和平日见到的白贞子全然不同。她的皮肤是月白色的，身材已经发育得很好，四肢仍是少女的细长，但已显出了成熟女人的柔曼。赵小营在门口怔怔地站着，觉得周围云絮乱飞，心里想着立刻逃离，而双脚却被粘住了似的，不能移步。长这么大，这是他第一次这么清楚地看见女性的身体，而眼前的身体犹如正含苞待放的花，没有恣意的成熟，却比成熟更撩人心魄。

当赵小营喘着粗气、面红耳热地逃进家门的时候，已经想不起来自己是怎么离开那扇魔鬼一样的门的。他只记得跑下楼梯的时候，脚下一软，差点摔下来。父亲见他神色异样，问他："这么快就下来，收完了？"

赵小营坐在椅子上，眼神发怔，半天不吭声。

父亲就过来揪他的耳朵："听见没有，我问你收完了没有？"

赵小营这才回过神来，说："没有。"

父亲不耐烦地将他手里的纸笔抢过来，说："连点小事都办不成，你还能做什么！"转身自己去收了。

赵小营的眼前闪现出四年前刚搬来时的白贞子。那时的白贞子长得像只长脚鹭鸶，手脚伸出来像根芦柴棒。赵小营听见邻居在背后叫她"芦柴棒"，自己也跟着叫，觉得很过瘾。他又坐了一会儿，决定出门去透透气。弄堂里的人都认识赵小营，他在四面转了一圈，老是碰到和他打招呼的人。这让他觉得愈加的烦。

陈阿三正站在弄堂口看来来往往的汽车，见了赵小营，眼睛一亮，很殷勤地叫他："过来啊，陪我看车车。"弄堂里的人都说陈阿三脑子有毛病，据说是谈恋爱受了刺激，好好的人就变得疯疯癫癫了。赵小营依稀记得那年夏天，弄堂里的人都在神神秘秘地议论一件事，说陈阿三的肚子给人搞大了。至于搞大她肚子的人是谁，陈阿三死也不肯说。大家都知道那个人不要她了，或许人家本来就没有存心要过她。赵小营听见自己的母亲和邻居议论这件事，尽管她们避着他，他还是多多少少听到一些。他只是不明白，怎样才能把人的肚子搞大，这个谜在他看来像斯芬克斯之谜一样难解。

眼前的陈阿三穿着件很旧的紧身汗衫，一看就知道没穿内衣，胸脯那里松松垮垮的。她的头发油乎乎的，起码有两个星期没洗了，走近了，能闻到一股哈喇味。赵小营瞟了她一眼，为自己看了别人的胸脯很是害羞，不知怎的，想起了白贞子。心想，女的和女的怎么会有那么大的差别呢？这么一想，赵小营的脑子又塞满了刚才窥见的一幕，那一幕像给他施了魔力一样，紧紧地缠住他，弄得他昏昏沉沉的。

于是，这一晚，赵小营都是在昏昏沉沉中度过的。早上醒来的时候，觉得筋疲力尽、腰酸背痛，他依稀记得自己做了一夜的梦，一直在和某样东西抗争，梦里面潮湿湿、黏糊糊，而且，梦里全是白贞子。

第二天下午，白贞子又来看丑丑，她穿的正是昨天在镜子前面比试的那条裙子。白贞子给丑丑带来了一只小皮球，丑丑高兴得不知如何是好，在屋子里疯跑了几十个来回。赵小营却怯怯地躲在一边，不肯上前。好像是偷窥了别人的隐私，心里含上了一分歉疚。

白贞子和丑丑玩累了，想起了一直没作声的赵小营："想什么呢？傻蛋。"

白贞子忽然叫他"傻蛋"，让赵小营有点意外，不过这个称呼听起来仿佛很亲昵，比直呼他大名中听多了。赵小营冲白贞子笑笑，表示了他的认可。他想好了，今天一定要想法和白贞子多说说话，他现在特别渴望和她说话。

白贞子好像知道了他的心思，果然又问了他很多话。白贞子说："赵小营，你为什么很少说话呀？"

"不喜欢说。"赵小营说，说着就去摸丑丑的脑袋。

"你以前就这样吗？"

"好像不是。"赵小营认真地说。

"你们班女生喜欢你吗？"白贞子又好奇地问。

"不喜欢。"

"为什么？"

"因为我笨，我成绩差，还有陈蒙他们……"

"说下去，陈蒙他们怎么啦？"白贞子问。

"他们……"赵小营忽然觉得脑袋里有针刺的感觉，突然地烦乱起来，"烦死了，我不想说了。"

"不说就不说。你知道吗？他们不喜欢你，可我喜欢你。"白贞子说，赵小营的脑袋又轰地一响。

"为什么？"赵小营觉得自己要哭了。

"因为，因为你傻呗！"白贞子说着，嘻嘻笑起来，起身跑出去了。

赵小营还蹲在那里，半天回不过神来。所有这一切都让他觉得像做梦，特别虚假，假得充满了甜蜜。他将目光移到那扇宽大的窗口上，窗棂边垂下一缕爬山虎，油绿的叶子在微风里一飘一荡。

替身

赵小营的日记里除了别人骂他的话，开始有了新内容，那是关于白贞子的。每次写日记，他都比以前更加小心和警觉。他必须洗干净手，闩上门，才能放心坐到书桌前去。为了表示他的庄重，他特意在有关白贞子的那几页里夹上了从院子里采来的樟树叶子。

闲了时，他越来越习惯抱着丑丑坐到窗口去。连他自己都不明白为什么依恋那扇窗子，仿佛那里藏了一个说不清楚的诱引。他总是呆呆地坐着，眼神看定一处，等待着院门的响动。有时，他会很失望，心里像是噗地失掉了什么；有时，就会莫名地兴奋起来。那是因为白贞子出现了。白贞子进门的时候和别人不一样，你先是能听见"嘚嘚"的鞋跟敲击地面的声音。白贞子的鞋底是木头做的，那声音听起来特别地响亮和清脆。她的脚步急促，却很从容，你能想象出她迈步时那种风风火火的样子。她开门时，你能听见她钥匙串上铃铛的响声，叮叮当当的，像珠子滴落玉盘那样圆润和悦耳。每次听到那些声音，赵小营就会刻意将头埋下，故意不看外面，耳朵却尽力捕捉窗外的任何一丝声音。

"傻蛋，又发什么呆啊？"每次见了他，白贞子都会这么说。

赵小营便红了脸，将头埋得更低。白贞子就笑，笑得得意而狡黠。

丑丑怀孕了。赵小营不知道它是怎么怀的孕，就问母亲。母亲正在厨房里下面条，不耐烦地说："偷着干坏事了呗。"

"怎么会呢？"赵小营木讷地问。

"去去，小孩子少问这种事！"母亲挥挥手说。

"怎么就不能问呢？"赵小营挠挠头皮，咕哝着走开了。

房间里比厨房里凉快得多，丑丑四脚朝天地躺在地板上，一副悠然自得的样子。它的腹部那里微微凸起，里面好像有什么东西在一跳一跳。赵小营走过去，轻轻把手放在它的肚子上，摩挲着。

白贞子天天来给丑丑喂牛奶，她对丑丑关心备至，说丑丑要当母亲了，一定要增加营养。赵小营很感激白贞子对丑丑的百般怜爱，当然，他也特别欢迎白贞子来，尤其是家里没人的时候。于是，赵小营就巴望着丑丑就这么怀着孕，永远都不要生。

　　白贞子似乎并没有领会赵小营的心情，天天都盼着丑丑早点生。

　　几周后，丑丑的身子就很笨重了，它也比平常安静了许多，常常趴在屋子的角落里，现出若有所思的样子。白贞子仍然来。来了，只是看看丑丑，不再逗弄它。赵小营远远地站着，看着白贞子。

　　这个午后，太阳尤其地毒辣，门洞里的人都窝在家里休息，整栋楼显得特别安静。白贞子拿着个瓶罐气喘吁吁地跑进来，她把长发扎成辫子，盘在头上，露出白白的颈项，好像一只高贵的天鹅。她对赵小营说："帮个忙，拧一下盖子。"

　　白贞子说她要做水果色拉，那瓶罐里面是椰果。赵小营将瓶子接过来，屏了下气，很轻易地就拧开了。他心里暗笑，女的真没用，连这点力气都没有。白贞子接过瓶子，却没有挪步，而是将它顺手放在了旁边的桌子上。

　　"还有事吗？"赵小营问。

　　"哈，你终于主动开口说话了。"白贞子说。

赵小营不吱声。

"你真有趣。"白贞子伸手撩了一下赵小营的头发。

赵小营本能地朝后退了一小步。

"我昨晚梦见你了。"白贞子忽然说，赵小营听见她在喘气，呼吸很不均匀。

赵小营想："白贞子又在逗我玩。"

"真的，不骗你。"白贞子又说。

赵小营抬起头，偷偷看了她一眼，他看见白贞子面色潮红，正对着她笑。

"让我抱抱你吧。"白贞子说着，就将身子凑过来，手臂在赵小营的脖子上绕了个圈。

赵小营嗅到了一股好闻的沐浴液的花香气，还有一种陌生的女孩子身体的气味，那种气味是清淡的，却又很醇厚，带了母乳的气息，让人不知不觉地迷醉。这种气味很容易将人的记忆牵引到他的婴儿时期，那么原始，那么渴望。他还感到了白贞子身体的柔软和温热，他下意识地想推开她，却又无可抗拒地想亲近她。

"哦，傻蛋！"白贞子喃喃道，像是在梦呓。她把他的手轻轻放到自己的胸脯上，夹在他和她的身体之间。赵小营感觉自己好像正摸着一只调皮的小兔。

"你这样傻傻的，特别可爱。不需要和你玩心思，你不知道，男孩们的心思有多坏……"白贞子说着，忽然委屈地哭起来，好像刚刚受了很大的伤害。她的哭声在不大的空间里流窜，很容易让人听见。

赵小营畏惧地缩着身子，试图和她保持一点距离，而那双手却更紧地搂住了他。他只觉得脑袋发麻，浑身燥热，意识里一片空白。正徒劳地挣扎着，院门突然响了，白贞子身子一颤，松开了他。

赵小营再跨出家门的时候，无限惊奇地看着房子外面炫目的阳光，觉得自己仿佛置身另一个世界。阳光和空气都让他感到神清气爽，他带着温情注视原本熟悉的街道和人群。走到弄堂口，他还主动招呼了一声缩在角落里的陈阿三，把陈阿三给乐坏了。

走到马路拐角处，赵小营一眼瞥见了马路对面的陈蒙和另两个男生。放了半个月的暑假，陈蒙明显比放假前高了壮了。他们也看见了赵小营，正朝这边指指点点。赵小营赶紧将脖子缩在领子里，别转身往回走。

"哪里跑！"陈蒙喊了一声，领着几个人像狼一样蹿到了赵小营面前，挡住了他的去路。

"干什么？"赵小营委屈地说。

"回家去给我们端几杯水来喝！"陈蒙说。

赵小营站着不动。陈蒙边上的男生就伸手来推他。赵小营仍然傻了似的不动。

"他脑子有毛病！"陈蒙说着，哈哈笑起来。他伸手拎了拎赵小营的领子，轻蔑地将口水吐在了他衬衫的前襟上。边上的人哄笑起来，笑声比汽车喇叭声还响。

赵小营觉得自己浑身发抖、发冷，从牙齿缝里迸出几个字："你们这些猪！"

"你说什么？给我上！"陈蒙一挥手，几个人就上来，把赵小营摁倒在地上。他的嘴贴着地，旁边有一堆臭烘烘的狗屎。

"把它给吃了！"陈蒙指着那堆狗屎说。

赵小营闭上眼睛，把嘴抿得紧紧的。真怪，这时候，他的眼前竟浮现起白贞子的样子，他还嗅到了那股清香的沐浴液的气味。不知哪里来的力量，他一个翻身，居然把摁住他的人推倒了。他挣脱那人的手，撒开腿飞快地往家跑，一边哭一边回头骂："你们这些狼！狼！"

陈蒙他们没敢追过来。赵小营站在自己家门口，喘匀了气，才感到头有点眩晕。由于周身被愤怒和屈辱笼罩着，他的手心里冒出了冷汗。他抬起头，望着茂盛的香樟树，那些碧绿的树叶在此刻他的眼里统统给点燃了、烧红了，他站在下面，有一种要燃烧的感觉。可就在一瞬间，那些感觉忽然地又冷却了，因为他不经意间看见了三楼窗口白贞子迷迷蒙蒙的眼睛，那眼神就是一块冷却怒火的冰。赵小营觉得，有了那种眼神的沐浴，受的那些委屈又算得了什么呢？

这个暑假，赵小营过得与以前就有些不同。心里因为有了某种东西的温暖，心思也变得活泛起来。赵小营自己也弄不懂究竟是因为什么，反正，每天晚上记日记写到"白贞子"这几个字的时候，心底就会泛起甜丝丝的感觉。

他已经有三天没有见到白贞子了，白贞子像蒸发了一样，不见踪影。对赵小营而言，白贞子仍然是个谜，对她在家以外的生活几乎一无所知。他所看到的，只是逗引丑丑的白贞子，是一脸傲气推开院门的白贞子，是和弄堂里的男人斗嘴斗智的白贞子。离开了这条弄堂，白贞子就是一个空白。

那晚吃着饭，听到父母说起"白贞子"三个字，赵小营就竖起了耳朵。

"听说她早就交男朋友了。"母亲说。

"你看她那样，一看就不是好人家出身的。"父亲啜了口黄酒，咂巴着嘴说。

"是啊，成天挺着胸脯扭着腰，什么样儿！"母亲加重了语气。

"吃饭，大人说话小孩不许听！"父亲见他在发怔，举起筷子敲了下他的脑袋。

"我没听！"赵小营拗过脖子，倔强地说。

见不到白贞子，赵小营像掉了魂儿一样。他偷偷到白贞子家门前张望过，希望能看到白贞子的影子。可是，只看见她父亲一个人在喝酒，也不敢问，就蹑手蹑脚地下楼去了。

第四天一早，白贞子出现了。她带了包鱼干，说给丑丑"补补"。

看上去，白贞子的脸色不太好，眼圈黑黑的，眼泡有点肿。她好像知道赵小营的心思，一见他就说："我到普陀山玩儿去了。"

赵小营看着她，不吭声。心想，她不可能一个人去玩，她和谁一起去了呢？那个人是男的还是女的呢？

"你怎么不说话呢？生气啦？"白贞子推了他一下，又伸手来搂他。

赵小营靠在白贞子肩上，感觉自己无比幸福，惬意地闭上了眼睛。

"今天，你陪我出去吧。"他听见白贞子嗲嗲地说。

"去哪儿？"赵小营问。

"去了就知道了。"

白贞子打扮得特别光鲜，上身套一件大红的露脐小背心，下身穿一条短至大腿根的牛仔热裤，头戴长檐牛仔帽，帅气而英武。走在路上，回头率颇高。赵小营走在她边上，也觉得自己颇有脸面。

赵小营跟着白贞子坐了两站地铁，在徐家汇站下了车。赵小营平常很少来这里，他讨厌在人群里挤来挤去，也讨厌商厦里响个不停的音乐。但和白贞子来就不同了，赵小营走得轻飘飘的，鞋子底下像装了两根弹簧。

白贞子对这里好像是熟门熟路，她在迷宫似的地铁站里绕了几个弯，把赵小营领上了通向港汇广场的出口。白贞子说："我们一会儿去热点俱乐部，5分钟就到。"热点俱乐部就在港汇广场边上，一进门，劲爆的音乐差点把赵小营扑倒，一个穿着露背装的女孩扭着腰肢从他眼前一闪而过。

赵小营想，白贞子真了不得，居然敢来这种地方。他们找了个地方坐下，白贞子要了杯鸡尾酒，问赵小营要什么。赵小营看了半天酒水单，吞吞吐吐地说要喝可乐。白贞子用手指点了下他的脑袋，嗔怪地说："老土。"

两个人并排坐着，白贞子不时用她裸露的大腿来蹭赵小营。他们坐得那么近，赵小营几乎能看清白贞子脸颊上的绒毛，还听到了她轻微的呼吸声。赵小营手心里出了汗，他局促地想："她为什么不坐到对面去，为什么偏和我紧挨着坐呢？"

很快，赵小营的问题就有了答案。因为有人坐到他们对面去了。那个人也戴顶黑色的帽子，十八九岁的样子，穿黑色的紧身衣裤，左耳上吊着个大耳环。他冲白贞子看了一眼，说：
"哟，难得比我早啊。"仿佛根本就没有赵小营的存在一样。他
听白贞子叫他"小白"。

"因为有他陪啊。"白贞子说着，拍了拍赵小营的肩。

"哪儿来的小东西。"那人瞥了一眼赵小营。

"我的小男朋友。"白贞子这么一说，赵小营的脸就红到了
脖根，他埋下头，只顾一个劲儿地啜杯子里的可乐。

"好你个白贞子。"那人显然是生气了，"有人陪你，你还叫
我来干什么？"

"叫你来是大家一起玩啊。"白贞子阴阳怪气地说，"你不是
也叫人陪着去普陀山了吗？"说完了，还在赵小营的脸上亲了
一口。

赵小营的脑袋轰地一热。

小白沉默了半晌，忽然换了种语气："好了，好了，别赌
气了。"

白贞子扭过脸，好像没听见他的话，拉了赵小营就往门
外走。出了门，白贞子显得特别高兴，问赵小营："你看那人怎
么样？"

"像小流氓。"赵小营想了想，老老实实地说。

"笨蛋，你这个蠢蛋！"白贞子生气了。

"那你说那人怎么样？"赵小营说。

"你懂什么，跟你说了也没用。"白贞子加快脚步，把赵小营甩在了后面。

赵小营看着白贞子的背影想，女的真怪，她们的脸怎么变得这么快，甚至连一点铺垫都没有。

花花

开学了，赵小营的脑子好像更不如从前好使了。第一次数学摸底测验就开了红灯。听课时，脑子里常常是空白的，好像是填进了一团胶水。他会定定地看住窗外的一片树叶，竭尽全力咀嚼一些让他感觉温馨的场景和感觉，那些回忆是断断续续的，包裹着他无法想清楚的谜团。总是在发呆的时候，就被老师冷不丁地叫起。他揉揉眼睛，又仔细地听了一遍老师的提问。那些问题在他听来像天书一样难懂，于是，他对自己说："听不懂，就不听了吧。"

语文老师让他背课文，他背了第一句，第二句就成了遥不可及的星星。语文老师说："你成天都想什么了？"

赵小营说："白贞子。"

待全班都明白了赵小营说的是个人名，便哄堂大笑，有人趁火打劫吹起了口哨。

语文老师在笑声中有一种受到愚弄的感觉，立马叫班长找来汤老师，当着赵小营的面说："你们班的这个学生可不行，将来中考非要拖后腿不可。他好像是鬼迷心窍了。"

老师在公众场合如此信口开河使赵小营羞愤不已。当下课后，陈蒙等人逼着他交代白贞子是谁时，赵小营的窘困达到了极点。他只觉得脸颊灼烧，想解释却很乏力，想沉默又无路可逃。他被逼到墙角，陈蒙们的嘴脸好像被无限放大，有那么一刻，他产生了一种幻觉，那种幻觉让他周身热血沸腾，于是胆大包天地踢了陈蒙一脚，嘴里憋出一句："滚！放了我！"

周围出现了片刻的寂静，但寂静很快被打破，更多的人拥上来，砸他的脑袋，揪他的衣服……

赵小营没有马上回家，他在弄堂附近溜达了一会儿。他看见陈阿三蹲在墙角那里，指着路上的车辆自言自语，行人好奇地瞅她，冲她笑。赵小营想，自己和陈阿三有什么区别呢？除了脑子比她好使些（也好不到哪里），一样是个遭人嫌弃的人。

天有些阴，恐怕要下雨了，赵小营只能往家走。走到离家不远的时候，便朝三楼的窗口张望，那扇窗口里包含着他所渴望的气息。他想起，白贞子有好几天没来看丑丑了。难得见了他，还有些冷淡。有一天，他站在院子里仰头看香樟树，白贞子推门进来。他想对她笑，她却旁若无人地"噔噔噔"上楼去了，高高扎起的马尾辫神气地一甩一甩。

赵小营更加频繁地到院子里照看丑丑，掰着指头数它生产的日子。丑丑的生产还寄托了赵小营另一个期望。丑丑生了，白贞子一定会来看它的。赵小营想。

　　一天夜里，丑丑终于生了，是一只小小的花狗，赵小营给它取名为花花。花花的出生给赵小营带来了一点快乐。他对花花关心备至，还用花布从头到脚把花花包起来，连同它的脑袋也包进去了。母亲见了，啪地拍了他一巴掌，说："还不快解开，你要把它闷死啊！"赵小营一惊，如梦初醒的样子。

　　他天天等着白贞子来看花花，可她没有来。赵小营想，白贞子一定很忙。每天都看见她匆匆进出，有一次，赵小营主动请她来看花花，她显得很惊喜，说："真的生了？太好了！"可她急匆匆的脚步没停，一溜烟跑得没影了。

　　有天傍晚，赵小营在家门口看见白贞子和一个男的手挽手在弄堂口说话，那个男的就是上回在热点俱乐部里遇到的小白。他们在弄堂口足足站了一个小时，两个人贴得紧紧的，在昏暗的光线里分不清是一个人还是两个人。

　　花花出生第五天的时候，赵小营终于忍不住了。他把花花放在一只小小的竹篮子里，小心地托了，上楼去找白贞子。

　　白贞子一个人在家，她刚洗完头，头发还是湿的，披散在肩上。看到篮子里的花花，她显得很高兴，嘟着嘴逗引了一番，也不跟赵小营说话。过了很久，她好像想起旁边还有个人，指了指旁边的凳子说："坐吧。"

赵小营看了看凳子，站在那儿，没有动。

白贞子有点不耐烦，轻轻骂了声："笨蛋。"

赵小营想："打是亲骂是爱，白贞子在说她喜欢我呢。"

逗弄完了花花，白贞子直起腰来，站到镜子前面梳头发。梳了一会儿，看到赵小营站在她身后发怔，笑了笑，说："你替我梳吧。"说着，把手里的木梳子递给他。

赵小营接过梳子，犹犹豫豫地把它轻轻放到白贞子的头发上。白贞子刚洗过的头发散发出栀子花的清香，看上去乌黑光亮。梳子从发丝间滑过，犹如在梳理一段盈润光滑的绸缎。梳着梳着，赵小营就站在那里不动了。他感到了一股从脚底升起的燥热，那燥热一直冲到他的脑门，他的眼前渐渐模糊，不知自己身在何处。借着那股燥热，他从后面轻轻地抱住白贞子的身子，把脸靠在她的头发上。"别理小白了，好吗？"他梦呓一样地说。

"你说什么？你这个浑蛋！"他听见白贞子尖细地叫了一声，吓得他后退了两步。

白贞子扭过头，怒气冲冲地盯着他："你干什么，想得寸进尺吗？"

赵小营支吾着，说："你难道不……不喜欢我吗？"

"喜欢你？"白贞子笑得几乎要跌倒了，"真荒唐，我说过喜欢你吗？"

"说过，你还说……我是你的'小男朋友'……"

"傻瓜，逗你玩呢。你这种木头，谁会喜欢你，我在玩你哪！"白贞子笑得更厉害了，"逗你这样的木头，就像逗一只傻乎乎的猪。"

白贞子还喋喋不休地说了很多，每句话都钻进了赵小营心里，这些话比陈蒙他们骂他的话都精彩，写下来一定能给他的日记本增色不少。赵小营默默地听白贞子说完了，弯腰拎起放花花的篮子，下楼去了。白贞子还在笑，她的笑声一直梦魇一样地追着他。

赵小营抱着花花坐在院子里，丑丑在边上舔他的手。香樟树叶的气味直冲他的鼻息。那是一种什么气味呢？粗粗地闻，只觉出一股类似于橘子的清香，可再仔细一琢磨，又透着一股苦涩味。总之，那是一股让人心情复杂的气味。天越来越阴沉了，赵小营想着自己的种种遭遇，想到自己令人失望的成绩，想到陈蒙他们的目光，想到白贞子的笑声，想到父母的无可奈何的叹息，感到了万分伤感，这种伤感是可以让人窒息的。这种感觉就像被人埋进了坑里，氧气一点一点耗尽，也没有阳光和水，只能绝望地等待死亡。他的泪水模糊了视线，眼前的景物都变得飘飘摇摇，好像有一股浊黄的水漫过眼前，使他觉得天空已经昏暗得无边无涯了。

母亲推门进来，见儿子呆呆地坐着，很纳闷："天凉了，发什么呆啊，快进屋去！"

赵小营"嗯"了一声，在原地没动。

母亲做完了晚饭，意外地见儿子仍然木头似的坐在原地，便责怪了几句，把他拉了进来。

母亲做了平时赵小营爱吃的大排，可赵小营怔怔地盯着碗，不肯动筷子。

"怎么了，不舒服吗？"父亲问。

赵小营不作声。

"吃呀！"父亲好像要动怒了。

赵小营才端起碗勉强划拉了几口。

这个晚上，赵小营睡得特别早。他做了一夜的梦，这一觉就睡得特别的缭乱和纷扰。梦里出现了很多人，他们像妖怪鬼神一样在昏暗的光线里窜来窜去，围着他、撕扯他、压迫他。

早晨醒来时，他躺在床上，陌生地看着屋外飞旋的阳光，目光呆滞。母亲说："快起床吧，要迟到了。"

赵小营不作声。母亲又说了一声，见儿子没有反应，就过来掀他的被子。被子掀开了，赵小营依然一动不动地躺在那儿，面无表情。

母亲觉出了他的异样，便叫来父亲。任凭两个人怎么唤，赵小营仍是没有反应。后来，母亲端来牛奶，扶着赵小营坐起来。他看了看杯子里的牛奶，把脸移到一边去了。

"他这是怎么了！"母亲哇的一声痛哭出来。

赵小营呆呆地看着母亲，他对自己说："她哭什么呢？他们以前只会打我，只有我哭的份儿。"

赵小营没再去上学，因为一提上学，他就要哭。他还有了个怪癖，大白天的，也非要把那扇窗的窗帘拉上，不想看那院子。他躺在床上，听见父母在议论他，说他可能得了那种病，要带他去看医生。赵小营想："我有什么病呢？你们才有病。"

花花有时在他身边温情地叫一声，然后怯生生地跑到丑丑那边去。赵小营歪着头，愣怔地瞧着它们，他一点都想不起来它们是从哪里来的，什么时候来的，可是，他知道自己喜欢它们。只有它们，才让他觉得安全，还有，一点点的温暖。